临床免疫学检验试剂名录

List of Reagents for Clinical Immunological Tests

主　　编：栗占国　仲人前　李永哲
副 主 编：贾汝琳　赵　静
编辑助理：孙　峰　朱　雷

北京大学医学出版社

LINCHUANG MIANYIXUE JIANYAN SHIJI MINGLU

图书在版编目（CIP）数据

临床免疫学检验试剂名录 / 栗占国，仲人前，李永哲主编．—北京：北京大学医学出版社，2018. 7

ISBN 978-7-5659-1828-5

Ⅰ．①临…　Ⅱ．①栗… ②仲… ③李…　Ⅲ．①免疫学－医学检验－化学试剂－名录　Ⅳ．① TQ421.7-62

中国版本图书馆 CIP 数据核字（2018）第 132790 号

临床免疫学检验试剂名录

主　　编： 栗占国　仲人前　李永哲

出版发行： 北京大学医学出版社

地　　址：（100191）北京市海淀区学院路 38 号　北京大学医学部院内

电　　话： 发行部 010-82802230；图书邮购 010-82802495

网　　址： http：//www.pumpress.com.cn

E-mail： booksale@bjmu.edu.cn

印　　刷： 北京强华印刷厂

经　　销： 新华书店

责任编辑： 陈　奋　　**责任校对：** 金彤文　　**责任印制：** 李　啸

开　　本： 889mm × 1194mm　1/16　　**印张：** 11.75　　**字数：** 370 千字

版　　次： 2018 年 7 月第 1 版　2018 年 7 月第 1 次印刷

书　　号： ISBN 978-7-5659-1828-5

定　　价： 120.00 元

主编简介

栗占国，教授，主任医师，博士生导师，北京大学人民医院临床免疫中心/风湿免疫科主任，风湿免疫研究所所长，北京大学风湿免疫学系主任，北京大学临床免疫中心主任，国家杰出青年基金获得者，“973”首席科学家，CMB杰出教授及吴杨奖获得者。

目前为中国免疫学会临床免疫分会主任委员、中华医学会风湿病学分会名誉主任委员，国际风湿病联盟（ILAR）和亚太风湿病联盟（APLAR）前主席。为 *Clin Rheum* 和 IJRD 副主编，《中华风湿病学杂志》总编，《中华临床免疫与风湿病》总编，《北京大学学报》（医学版）副主编，*Ann Rheum Dis* 及 *Nat Rev Rheum* 等杂志编委。

长期从事风湿免疫病临床，已发表论文600余篇，包括在 *Nature Medicine*、*Immunity*、*Cell Host Microbe*、*Ann Rheum Dis* 等杂志发表SCI论文200余篇。主编（译）和参编《类风湿关节炎》及《风湿免疫学高级教程》等风湿病学专著30余部。

仲人前，教授，第二军医大学长征医院实验诊断科、全军临床免疫研究所研究员，博士生导师。现任中华医学会检验医学分会副主任委员、上海市免疫学会理事长、全军检验医学学会副主任委员、全军医用标准物质学会副主任委员、中国抗癌协会肿瘤标志物分会副主任委员、中国医学装备协会临床检验分会副主任委员、中国医院协会临床检验分会常委、中国医师 协会检验医师分会常委、中国免疫学会理事。

近年来负责近20项国家和上海市科研基金项目，包括“863”“973”国家自然科学基金、卫健委业基金。申请专利6项，获得省部级科技、医疗成果奖6项。发表SCI论文60余篇。主编著作6部，参编著作10部。

李永哲，教授，中国医学科学院北京协和医学院北京协和医院研究员，博士生导师。

主要从事自身免疫病发病机制及自身免疫病实验诊断技术临床应用等研究工作。作为课题负责人，承担国家自然科学基金项目7项。获发明专利8项。以第一作者或通讯作者在 *Nat Genet*、*Mol Cell Proteomics*、*J Proteome Res* 等国际著名学术期刊发表SCI论文82篇（IF总分> 275分，单篇最高35分）。主编《自身抗体免疫荧光图谱》等专著。以第一完成人获中华医学会中华医学科技奖、北京市科学技术奖、中国医疗保健促进会华夏医学科技奖等。现任中国医师协会检验医师分会常委、中国医师协会风湿免疫科医师分会常委、中国中西医结合学会检验医学专业委员会副主任委员及免疫性疾病学术委员会主任委员、中国研究型医院学会检验专业委员会副主任委员、中国分析测试协会标记免疫分析专业委员会副主任委员、中国医疗保健国际交流促进会风湿病学分会副主任委员、中国免疫学会临床免疫分会委员、中华医学会微生物与免疫学分会委员等。现任《中华检验医学杂志》《中华临床免疫和变态反应杂志》等多种核心期刊编委。

副主编简介

贾汝琳，北京大学人民医院临床免疫中心/风湿免疫科副主任检验师。主要从事自身免疫病实验诊断技术临床应用及免疫病机制基础研究。作为主要研究者参与包括“973”计划、国家自然科学基金重点项目、“十一五”支撑计划等研究30余项。先后在SCI及核心期刊发表论著40余篇，其中作为第一作者发表论著5篇。作为主要完成人之一获得中华医学科技奖和华夏医疗科技奖等奖项。多次在亚太风湿病联盟年会、全国风湿病年会等国际、国内学术会议上做报告。参与10余部风湿病学著作的撰写，包括《风湿病问答》《临床风湿病手册》等。

赵静，硕士，北京大学人民医院风湿免疫科主管检验师。主要从事自身免疫病实验诊断技术临床应用及免疫病机制基础研究。作为主要研究者参与包括国家自然科学基金重点项目、北京自然科学基金重点项目等研究10余项。近年来，在*Ann Rheum Dis*、*J Rheum*等国内外期刊发表学术论文10余篇。其中作为第一作者发表论著3篇，并参与完成了多部风湿病学专著的编（译）。

前　言

近十几年来，我国的临床免疫检验医学飞速发展，已缩短了与发达国家之间的差距，但由于发展很快，品类繁多，而标准尚欠完善，在临床免疫检验试剂选择、评价及使用等方面需要有统一的规范参照。因此，国内临床免疫学科应该有一本系统地涵盖免疫试剂名称、分类、方法、适用范围，并符合国家药品监督管理局法规要求的工具类书籍。为此，我们编写了这本《临床免疫学检验试剂名录》。

本书内容涵盖了国内常用的临床免疫相关试剂，包括非特异性免疫、自身免疫性疾病、超敏反应相关疾病、肿瘤免疫、感染免疫及其他相关的多学科检测试剂。在编写上力求实用，不仅包含了试剂名称、实验诊断方法学、适用范围等专业信息，还纳入了市场流通信息，如产品规格等。编排上力求简洁清晰，可使读者快速了解每种试剂的基本实验原理、分类和应用，以方便广大临床医师、检验医师在工作中查阅及应用，是一本很有参考价值的工具书。

本书的编写是国内第一次尝试从应用的角度出发，进行医学产品信息的汇总。尽管在策划、编写过程中非常努力，但由于时间较为仓促，资料复杂、分散，一些企业的产品未能入选。本书的不足之处，敬请读者谅解和批评指正，期待再版时予以弥补。

在本书即将出版之际，感谢临床免疫学界及检验医学界的专家、同道们以及体外诊断试剂公司的帮助和对本书出版给予的大力支持！感谢每位编者、校者的辛苦付出。编辑助理孙峰、朱雷，北京大学医学出版社陈奋编辑为此书的出版付出了大量的时间和精力，卢洁在资料收集和整理过程中给予了大力支持，在此一并致谢。本书将不断修订，进一步更新和完善希望对临床免疫检验在国内的发展发挥一定的作用。

编者

2018 年 6 月于北京

使用说明

本书包含了非特异性免疫、自身免疫性疾病、超敏反应相关疾病、肿瘤免疫、感染免疫及其他相关的多学科的特种蛋白质、细胞因子等检测试剂。因所含试剂种类繁多，现对本书的使用进行简要说明，以便查阅。

1．为了使内容更加精炼，本书仅纳入属于临床免疫学范畴的检测试剂，所有公司不属于该范畴的试剂均未编入本书，不代表该企业仅有本书所列的产品。

2．本书排版是按照试剂公司名称的汉语拼音顺序排列，如读者需要快速查询某种试剂的信息，可通过书后索引查找，即可获得该产品的信息页码。

3．我们保留了试剂在注册时所使用的名称，因其与国家药品监督管理局所批复的注册证号相对应。故书中所收录的检测试剂名称并不完全统一，如“抗 SSA 抗体”和“抗 SS-A 抗体”，其实是同一种试剂；个别名词也非规范名词，如“抗缪勒氏管激素”，应为“抗缪勒管激素”。编者在索引中合并为同种试剂，同时在不规范名称下做标注说明，以方便读者查阅。

4．为了规范术语、回答检测项目临床意义及方法学选择的相关问题，本书增加了专业名词中英文对照、自身抗体检测在自身免疫病中的临床应用专家建议、相关质控规定以及最新疾病诊断标准等推荐阅读的文献，以方便读者参考学习及临床应用。

目　录

专业名词中英文对照表

中文全称	英文	缩略语
C 反应蛋白	c-reactive protein	CRP
D- 二聚体	D-Dimer	
EB 病毒	epstein-Barr virus	EBV
Sangtec-100 蛋白质	sangtec-100 protein	S-100
T 淋巴细胞亚群	T lymphocytes subset	
Ⅳ型胶原	collagen Ⅳ	Co IV
α- 胞衬蛋白	α-fodrin protein	
β2- 微球蛋白	beta-2-Microglobulin	β2-MG
β2- 糖蛋白 1	β2-glycoprotein1	β2-GP1
γ- 干扰素体外释放试验	γ-Interferon release assay	IGRAs
埃可病毒	echovirus	ECHO
癌胚抗原	carcinoembryonic antigen	CEA
白蛋白	albumin	ALB
白细胞分化抗原	cluster of differentiation	CD
斑点酶联免疫吸附试验	Dot enzyme-linked immunosorbent assay	Dot-ELISA
丙型肝炎病毒	hepatitis C virus	HCV
补体 3	complemen 3	C3
补体 4	complemen 4	C4
层黏连蛋白	laminin	LN
肠道病毒 71 型	human enterovirus 71	EV71
超敏 C 反应蛋白	hypersensitive c-reaction protein	HS-CRP
串联质谱法	Tandem mass spectrometry	MS/MS
促甲状腺激素受体抗体	thyrotropin receptor antibody	TRAb
单纯疱疹病毒	herpes simplex virus	HSV
单链 DNA	single-stranded DNA	ssDNA
胆固醇氧化酶酚 4- 氨基安替比林过氧化物酶法	Cholesterol oxidase phenol 4-aminoantipyrine peroxidase	CHOD-PAP
蛋白酶 3	proteinase-3	PR3
丁型肝炎病毒	hepatitis D virus	HDV

续表

中文全称	英文	缩略语
丁型肝炎病毒抗原	hepatitis D virus antigen	HDVAg
多肿瘤标志物	multi-tumor markers	C12
肺炎衣原体	chlamydia pneumoniae	CP
肺炎支原体	mycoplaa Pneumoniae	MPO
风疹病毒	rubella virus	RV
甘油磷酸氧化酶 - 过氧化物酶法	glycerol phosphate oxidase-peroxidase	GPO-PAP
肝肾微粒体 1 型	liver/kidney microsome type 1	LKM1
肝细胞胞溶质抗原 1 型	liver cytosol type 1	LC1
庚型肝炎病毒	hepatitis G virus	HGV
弓形虫	toxoplasma gondii	TOX
谷氨酸受体	glutamate receptor	GluR
谷氨酸脱羧酶抗体	glutamic acid decarboxylase antibody	GADA
过敏原特异性抗体	allergen-specific antibodies	
核基因组	nuclear genome	nDNA
核酸结合蛋白	nucleic acid binding protein	CNBP
核糖核蛋白	ribonucleo protein	RNP（nRNP；U1RNP）
核糖体 P 蛋白	ribosomal P protein	rib-P（rRNP）
呼吸道合胞病毒	respiratory syncytial virus	RSV
化学发光免疫分析	Chemiluminescent immunoassay	CLIA
环瓜氨酸肽	cyclic citrullinated peptide	CCP
肌炎特异性抗体	myositis specific autoantibodies	MSA
甲胎蛋白	alpha fetoprotein	AFP
甲型肝炎病毒	hepatitis A virus	HAV
甲状腺过氧化物酶	thyroid peroxidase	TPO
甲状腺球蛋白	thyroglobulin	TG
间接免疫荧光法	Indirect immunofluorescence testing	IIFT
间接荧光分析	Indirect fluorescence assay	IFA
降钙素原	procalcitonin	PCT
胶体金免疫层析法	Gold immunochromatography assay	GICA
胶体金免疫渗滤法	Dot immunogoldfitration assay	DIGFA
结核分枝杆菌	mycobacterium tuberculosis	MTB
解脲支原体	ureaplasma urealyticum	UU

续表

中文全称	英文	缩略语
巨细胞病毒	cytomegalo virus	CMV
军团菌	legionellaspp	LP
抗 BP180 抗体	resistance to BP180 antibodies	BP180-Ab
抗 DNA 拓扑异构酶 I 抗体	anti-DNA topoisomerase I（Scl-70）antibody	SCL-70
抗表皮棘细胞桥粒抗体	anti-epidermal Desmosomes Prickle Cell antibody	
抗干燥综合征抗原 A	anti-Sjogren syndrome A antibody	SSA（Ro）
抗干燥综合征抗原 B	anti-Sjogren syndrome B antibody	SSB
抗核抗体	antinuclear antibodies	ANA
抗核小体抗体	antinucleosome antibody	AnuA
抗核周因子	antiperipheral factor	APF
抗肌内膜抗体	antiendomysial antibody	EMA
抗甲状腺球蛋白抗体	antithyroglobulin antibody	ATGA
抗角蛋白抗体	antikeratin antibody	AKA
抗精子抗体	antisperm antibody	AsAb
抗酪氨酸磷酸酶抗体	anti-protein tyrosine phosphatase-like IA-2 antibody	IA-2Ab
抗链球菌溶血素 O 试验	antistreptolysin O	ASO
抗磷脂综合征	antiphospholipid syndrome	APS
抗卵巢抗体	antiovary antibody	AOAb
抗缪勒管激素	antiMullerian hormone	AMH
抗内皮细胞抗体	anti-endothelial cell antibody	AECA
抗内因子抗体	anti-intrinsic factor antibody	AIFA
抗酿酒酵母菌抗体	anti-saccharomyces cerevisiae antibody	ASCA
抗凝血素抗体	antiprothrombin antibody	aPT
抗平滑肌抗体	anti-smooth muscle antibody	ASMA
抗染色质抗体	antichromatin antibody	AchA
抗史密斯抗体	antiSmith antibody	Sm
抗透明带抗体	anti-zona pellucida antibody	AZP
抗胃壁细胞抗体	anti-gastric wall cell antibodies	APCA
抗胃壁细胞抗体	anti-parietal cell antibody	APCA
抗线粒体 M2 亚型抗体	anti-mitochondrial M2 antibody	AMA-M2
抗线粒体抗体	antimitochondrial antibody	AMA
抗心磷脂抗体	anticardiolipin antibody	ACA

续表

中文全称	英文	缩略语
抗胰岛素自身抗体	antiinsulin autoantibodies	IAA
抗胰岛细胞抗体	islet cell antibodies	ICA
抗中性粒细胞胞浆抗体	anti-neutrophil cytoplasmic antibodies	ANCA
抗着丝粒抗体	anticentromere antibody	ACA
抗滋养层细胞膜抗体	anti-trophoblast membrane antibody	ATA
抗子宫内膜抗体	endomethal antibody	EMAb
抗组氨酰 -tRNA 合成酶抗体	anti-aminoacyl-tRNA synthetase antibody	ARS
抗组蛋白抗体	antihistone antibody	AHA
柯萨奇病毒	coxsackie virus	
可溶性肝抗原 / 肝胰抗原	soluble liver antigen/liver pancreas	SLA/LP
可提取性核抗原抗体	extractable nuclear antigen antibodies	ENA
类风湿因子	rheumatoid factor	RF
磷脂抗体	phospholipid antibody	
磷脂酶 A2 受体	phospholipase A2 receptor	PLA2R
鳞状上皮细胞癌抗原	squamous cell carcinoma antigen	SCC
流感病毒	influenza virus	Flu
流式细胞术	Flow cytometry	FCM
梅毒螺旋体	treponema pallidum	TP
酶联免疫吸附试验	Enzyme-linked immunosorbent assay	ELISA
免疫球蛋白 A	immunoglobulin A	IgA
免疫球蛋白 E	immunoglobulin E	IgE
免疫球蛋白 G	immunoglobulin G	IgG
免疫球蛋白 M	immunoglobulin M	IgM
尿微量白蛋白	urinary microalbumin	
欧蒙斑点法	EUROBlot	EUROBlot
欧蒙印迹法	EURO-Line	EURO-Line
葡萄糖 6 磷酸异构酶	glucose 6 phosphate isomerase	GPI
前白蛋白	prealbumin	PA
前胶原氨基端肽	procollagen amino terminal peptide	PNP
前列腺特异性抗原	prostate specific antigen	PSA
桥粒芯糖蛋白 1	desmogleins 1	Dsg1
桥粒芯糖蛋白 3	desmogleins 3	Dsg3

续表

中文全称	英文	缩略语
去酰胺基麦胶蛋白肽	deacetamide gelatin peptide	DGP
人副流感病毒	human para-influenza virus	HPIVs
人类免疫缺陷病毒	human immunodeficiency virus	HIV
人绒毛膜促性腺激素	human Chorionic Gonadotropin	HCG
腮腺炎病毒	mumps virus	
沙眼衣原体	chlamydia trachomatis	CT
神经元抗原	neuronal nuclei	
神经元特异性烯醇化酶	neuron-specific enolase	NSE
肾小球基底膜	glomerular basement membrane	GBM
时间分辨荧光免疫分析	Time-resolved fluoroimmunoassay	TRFIA
双链 DNA	double-stranded DNA	dsDNA
水痘 - 带状疱疹病毒	varicella-zoster virus	VZV
髓过氧化物酶	myeloperoxidase	MPO
糖类抗原 125	carbohydrate antigen 125	CA125
糖类抗原 15-3	carbohydrate antigen 15-3	CA15-3
糖类抗原 19-9	carbohydrate antigen 19-9	CA19-9
糖类抗原 242	carbohydrate antigen 242	CA242
糖类抗原 50	carbohydrate antigen 50	CA50
糖类抗原 72-4	carbohydrate antigen 72-4	CA72-4
铁蛋白	ferritin	Ft
透明质酸	hyaluronic acid	HA
胃蛋白酶原	pepsinogen	PG
胃泌素释放肽前体	pro-gastrin-releasing peptide	ProGRP
戊型肝炎病毒抗体	hepatitis E virus	HEV
细胞角蛋白 19 片段	cytokeratin-19-fragment	CYFRA21-1
纤维蛋白原降解产物	fibrinogen degradation product	FDP
纤维连接蛋白	fibronection	FN
线粒体抗体	antimitochondrial antibodies	AMA
线性免疫分析	Line Immuno Assays	LIA
腺病毒 3 型抗体	adenovirus type 3 antibody	ADV3
腺病毒 7 型抗体	adenovirus type 7 antibody	ADV7
腺病毒抗体	adenovirus antibody	ADV

续表

中文全称	英文	缩略语
胸苷激酶	thymidine kinase	TK
血清淀粉样蛋白	Serum amyloid protein	
血清降钙素	calcitonin	CT
血小板	blood platelet	BPC；PLT
循环免疫复合物	circulating immune complex	CIC
乙型肝炎病毒 e 抗体	hepatitis B e antibody	HBeAb
乙型肝炎病毒 e 抗原	hepatitis B e antigen	HBeAg
乙型肝炎病毒表面抗体	hepatitis B surface antibody	HBsAb
乙型肝炎病毒表面抗原	hepatitis B surface antigen	HBsAg
乙型肝炎病毒核心抗体	hepatitis B core antibody	HBcAb
乙型肝炎病毒大蛋白	hepatitis B virus large protein	HBV-LP
乙型肝炎病毒前 S1 抗原	hepatitis B virus Pres1 antigen	HBV Pre S1
乙型肝炎病毒前 S2 抗原	hepatitis B virus Pres2 antigen	HBV Pre S2
印迹法	BLOT	BLOT
荧光比值法	Fluorescence rate assay	FRA
荧光分析法	Fluorescence assay	FA
幽门螺杆菌抗体	helicobacter pylori IgG antibodies	HP IGG
游离 / 总前列腺特异抗原	free/total prostate Specific antigen	F/T-PSA
游离前列腺特异性抗原	pree prostate specific antigen	F-PSA
增殖细胞核抗原	proliferating cell nuclear antigen	PCNA
脂蛋白相关磷脂酶 A2	lipoplotein-associated phospholipaseA2	LP-PLA2
中性粒细胞明胶酶相关脂质运载蛋白	neutrophil gelatinase-associated lipocalin	NGAL
肿瘤相关抗原	tumor associated antigen	TAA
转铁蛋白	transferrin/siderophilin	TRF
着丝粒蛋白 B	centromere protein B	CENP-B
组织谷氨酰胺转移酶	tissue transglutaminase	tTG

北京北方生物技术研究所有限公司

检测试剂

公司简介

北京北方生物技术研究所有限公司（简称：北方所）成立于1985年6月，是国内最早从事体外诊断试剂研发、生产和经营的高新技术企业之一。现有放射免疫、酶联免疫、化学发光、时间分辨、胶体金等方法学体外诊断试剂10余类140余种，用户遍及全国各地，部分出口国外。北方所还提供科研合作、临床实验、学术咨询、实验室管理咨询等领域的服务，同时代理部分国、内外公司的产品。

公司网址：http：//www.bnibt.com/

联系电话：010-87504050

产品目录

肿瘤免疫检测试剂

试剂名称	规格（人份）	方法	样本量	反应时间（h）	注册证号
癌胚抗原（CEA）	96	ELISA	血清50μl	0.5	国械注准20163400528
癌胚抗原（CEA）	96	CLIA	血清20μl	1	国械注准20163402011
甲胎蛋白（AFP）	96	ELISA	血清50μl	0.5	国械注准20163400529
甲胎蛋白（AFP）	96	CLIA	血清20μl	1	国械注准20163402004
前列腺特异性抗原（PSA）	96	ELISA	血清100μl	1	国械注准20163402000
前列腺特异性抗原（PSA）	96	CLIA	血清20μl	1	国械注准20163402001
铁蛋白（Ferritin）	96	ELISA	血清50μl	1	京械注准20162400308
铁蛋白（Ferritin）	96	CLIA	血清20μl	1	京械注准20162401395
CA50（上皮类癌相关抗原）	96	ELISA	血清20μl	1	国械注准20163402009
糖类抗原50（CA50）	96	CLIA	血清20μl	1	国械注准20163402003
CA125（卵巢癌相关抗原）	96	ELISA	血清50μl	1	国械注准20163402012
糖类抗原125（CA125）	96	CLIA	血清20μl	1	国械注准20163402006
CA15-3（乳腺癌相关抗原）	96	ELISA	血清10μl	0.5+0.5	国械注准20163402002
糖类抗原153（CA15-3）	96	CLIA	血清20μl	0.5+0.5	国械注准20163402007
CA19-9（胰腺癌相关抗原）	96	ELISA	血清50μl	1	国械注准20163402008
糖类抗原199（CA19-9）	96	CLIA	血清20μl	1	国械注准20163402010
人绒毛膜促性腺激素-β（β-hCG）	96	ELISA	血清/尿50μl	1	京械注准20162400300

感染免疫检测试剂

试剂名称	规格（人份）	方法	反应模式	定性/定量	注册证号
乙型肝炎病毒表面抗原（HBsAg）	96	CLIA	50μl 血清 1h	定量	国械注准 20153400608
乙型肝炎病毒表面抗原（HBsAg）	96	ELISA	50μl 血清 / 浆 1h	定性	S10960066（2015R003310）
乙型肝炎病毒表面抗体（HBsAb）	96	CLIA	50μl 血清 1h	定量	国械注准 20163400634
乙型肝炎病毒表面抗体（HBsAb）	96	ELISA	50μl 血清 / 浆 1h	定性	国械注准 20163402005
乙型肝炎病毒 e 抗原（HBeAg）	96	CLIA	50μl 血清 1h	定量	国械注准 20163400636
乙型肝炎病毒 e 抗原（HBeAg）	96	ELISA	50μl 血清 / 浆 1h	定性	国械注准 20173400478
乙型肝炎病毒 e 抗体（HBeAb）	96	CLIA	50μl 血清 1h	定量	国械注准 20163401686
乙型肝炎病毒 e 抗体（HBeAb）	96	ELISA	50μl 血清 / 浆 1h	定性	国械注准 20173400491
乙型肝炎病毒核心抗体（HBcAb）	96	CLIA	20μl 血清 1h	定量	国械注准 20163400633
乙型肝炎病毒核心抗体（HBcAb）	96	ELISA	50μl 血清 / 浆 1h	定性	国械注准 20173400493
丙型肝炎病毒抗体（HCV）	96	CLIA	50μl 血清 0.5h+0.5h	定性	国械注准 20163401683

其他检测试剂

试剂名称	规格（人份）	方法	样本量	反应时间（h）	注册证号
层粘连蛋白（LN）*	96	CLIA	50μl 血清	1h	京械注 20162400413
Ⅳ型胶原（Ⅳ-C）	96	CLIA	50μl 血清	1h	京械注 20162400416
透明质酸（HA）	96	CLIA	50μl 血清	1h	京械注 20162400414
Ⅲ型前胶原氨基端肽（PⅢNP）	96	CLIA	50μl 血清	1h	京械注 20162400410

注：所有产品原料为自产或进口，发光板为进口 Nunc 板

* 即层黏连蛋白

北京贝尔生物工程有限公司

检测试剂

公司简介

北京贝尔生物工程有限公司于1995年在北京成立，是北京市高新技术企业，经过二十多年的发展，贝尔生物建立严格、全面的科研、生产、质量体系，形成了酶联免疫法诊断试剂平台、胶体金快速诊断试剂平台、化学发光检测试剂平台、PCR试剂平台等多类型多项目合一的综合性公司。公司通过GMP、体外诊断试剂质量体系考核等认证。

贝尔生物现拥有产品注册文号一百余项，先后承担了国家级“863”计划病原微生物特异性基因诊断试剂的研究、国家“十二五”攻关项目“艾滋病及重大传染病项目”及市级多项重大产业及科技攻关项目，拥有多个新药证书、几十项发明专利。

自1995年成立以来，率先在国内推出TORCH系列、EB系列、手足口系列、呼吸道病原体系列、肝炎病毒系列及自身抗体系列等多种产品，公司业务网络覆盖国内30多个省、市、自治区的县级以上级别的一万多家医疗机构。

2016年，贝尔生物控股北京中航赛维生物科技有限公司。中航赛维生物专注于全自动磁微粒化学发光免疫分析系统诊断领域的研发、生产与专业化服务。公司产品覆盖全自动化学发光免疫分析仪、磁微粒化学发光免疫诊断试剂多个项目，掌握全部核心技术，并拥有多项发明专利。

公司网址：http：//www.beierbio.com

联系电话：010-61208560，61208561，61208950，61208580

产品目录

自身免疫性疾病检测试剂

试剂名称	规格（人份）	方法	靶抗原	注册证号
抗nRNP/Sm抗体IgG	100	CLIA	nRNP/Sm	京械注准20162401025
抗Sm抗体IgG	100	CLIA	Sm	京械注准20162401034
抗SS-A抗体IgG	100	CLIA	SS-A（Ro 60KD）	京械注准20162401033
抗SS-B抗体IgG	100	CLIA	SS-B（La）	京械注准20162401020
抗Scl-70抗体IgG	100	CLIA	Scl-70	京械注准20162401018
抗PM-Scl抗体IgG	100	CLIA		京械注准20162401017
抗Jo-1抗体IgG	100	CLIA	Jo-1	京械注准20162401023
抗着丝点抗体IgG	100	CLIA	着丝点	京械注准20162401024
抗双链DNA抗体IgG	100	CLIA	dsDNA	京械注准20162401029
抗核小体抗体IgG	100	CLIA	核小体	京械注准20162401027
抗组蛋白抗体IgG	100	CLIA	组蛋白	京械注准20162401030
抗核糖体P蛋白IgG	100	CLIA	核糖体P蛋白	京械注准20162401019

续表

试剂名称	规格（人份）	方法	靶抗原	注册证号
抗髓过氧化物酶抗体 IgG	100	CLIA	髓过氧化物酶	京械注准 20162401021
抗蛋白酶 3 抗体 IgG	100	CLIA	蛋白酶 3	京械注准 20162401028
抗肾小球基底膜抗体 IgG	100	CLIA	肾小球基底膜	京械注准 20162401022
抗 M2-3E 抗体 IgG	100	CLIA	AMAM2-3E	京械注准 20162401031
抗 SLA/LP 抗体 IgG	100	CLIA	SLA/LP	京械注准 20162401032
抗 LKM-1 抗体 IgG	100	CLIA	LKM-1	京械注准 20162401026
甲状腺过氧化物酶抗体	100	CLIA	甲状腺过氧化物酶	京械注准 20152401065
甲状腺球蛋白抗体	100	CLIA	甲状腺球蛋白	京械注准 20152401071

肿瘤免疫检测试剂

试剂名称	规格（人份）	方法	靶抗原	注册证号
甲胎蛋白	100	CLIA	AFP	国械注准 20163400051
癌胚抗原	100	CLIA	CEA	国械注准 20163400523
前列腺特异性抗原	100	CLIA	PSA	国械注准 20163400524
游离前列腺特异性抗原	100	CLIA	F-PSA	国械注准 20163400478
肿瘤相关抗原 125	100	CLIA	CA125	国械注准 20153402269
糖类抗原 19-9	100	CLIA	CA19-9	国械注准 20153402268
癌抗原 15-3	100	CLIA	CA15-3	国械注准 20153402270
铁蛋白	100	CLIA	FER	京械注准 20162400131
β 人绒毛膜促性腺激素	100	CLIA	β-hCG	京械注准 20172400572

感染免疫检测试剂

试剂名称	规格（人份）	方法	靶抗原	注册证号
甲型肝炎病毒 IgM 抗体	48/96	ELISA	HAV-IgM	国械注准 20163402345
甲型肝炎病毒 IgG 抗体	48/96	ELISA	HAV-IgG	国械注准 20173400366
乙型肝炎病毒前 S1 抗原	48/96	ELISA	Pres1-Ag	国械注准 20163401037
乙型肝炎病毒前 S2 抗原	48/96	ELISA	Pres2-Ag	国械注准 20153401414
乙型肝炎病毒大蛋白	48/96	ELISA	HBV-LP	国械注准 20153401437
丁型肝炎病毒抗体	48/96	ELISA	HDV-IgG	国械注准 20163402490
丁型肝炎病毒抗体（IgM）	48/96	ELISA	HDV-IgM	国械注准 20163402478
丁型肝炎病毒抗原	48/96	ELISA	HDV-Ag	国械注准 20163402480

续表

试剂名称	规格（人份）	方法	靶抗原	注册证号
戊型肝炎病毒抗体（IgG）	48/96	ELISA	HEV-IgG	国械注准 20163400940
戊型肝炎病毒 IgM 抗体	48/96	ELISA	HEV-IgM	国械注准 20153400617
庚型肝炎病毒 IgG 抗体	48/96	ELISA	HGV-IgG	国械注准 20163402336
甲型肝炎病毒 IgM 抗体	20	免疫层析法	HAV-IgM	国械注准 20153400195
戊型肝炎病毒抗体（IgG）	20	免疫层析法	HEV-IgG	国械注准 20153401714
戊型肝炎病毒抗体（IgM）	20	免疫层析法	HEV-IgM	国械注准 20153401715
EB 病毒 VCA 抗体（IgA）	48/96	ELISA	EB-VCA-IgA	国械注准 20153400618
EB 病毒早期抗原（EA）IgA 抗体	48/96	ELISA	EB-EA-IgA	国械注准 20173404190
EB 病毒核抗原（EBNA1）IgA 抗体	48/96	ELISA	EB-NA1-IgA	国械注准 20173404182
EB 病毒壳抗原（VCA）IgM 抗体	48/96	ELISA	EB-VCA-IgM	国械注准 20153401105
EB 病毒壳抗原（VCA）IgG 抗体	48/96	ELISA	EB-VCA-IgG	国械注准 20153401413
EB 病毒（Epstein-Barr Virus）核抗原（EBNA1）IgG 抗体	48/96	ELISA	EB-NA1-IgG	国械注准 20153402119
EB 病毒（Epstein-Barr Virus）早期抗原（EA）IgG 抗体	48/96	ELISA	EB-EA-IgG	国械注准 20153402117
人呼吸道合胞病毒 IgG 抗体	48/96	ELISA	RSV-IgG	国械注准 20163402338
人呼吸道合胞病毒 IgA 抗体	48/96	ELISA	RSV-IgA	国械注准 20163402343
人呼吸道合胞病毒 IgM 抗体	48/96	ELISA	RSV-IgM	国械注准 20163402340
腺病毒 IgG 抗体	48/96	ELISA	ADV-IgG	国械注准 20163402339
腺病毒 IgA 抗体	48/96	ELISA	ADV-IgA	国械注准 20163402342
腺病毒 IgM 抗体	48/96	ELISA	ADV-IgM	国械注准 20163402347
腺病毒 7 型 IgG 抗体	48/96	ELISA	ADV7-IgG	国械注准 20153400154
腺病毒 3 型 IgG 抗体	48/96	ELISA	ADV3-IgG	国械注准 20153400152
腺病毒 7 型 IgM 抗体	48/96	ELISA	ADV7-IgM	国械注准 20153401135
腺病毒 7 型 IgA 抗体	48/96	ELISA	ADV7-IgA	国械注准 20153401134
腺病毒 3 型 IgA 抗体	48/96	ELISA	ADV3-IgA	国械注准 20153401136
腺病毒 3 型 IgM 抗体	48/96	ELISA	ADV3-IgM	国械注准 20153401133
人副流感病毒 IgG 抗体	48/96	ELISA	HPIV-IgG	国械注准 20173404193
人副流感病毒 IgM 抗体	48/96	ELISA	HPIV-IgM	国械注准 20173404186
B 型流感病毒 IgM 抗体	48/96	ELISA	BIV-IgM	国械注准 20173404192
A 型流感病毒 IgM 抗体	48/96	ELISA	AIV-IgM	国械注准 20173404183
腮腺炎病毒 IgM 抗体	48/96	ELISA	MuV-IgM	国械注准 20173404179
腮腺炎病毒 IgG 抗体	48/96	ELISA	MuV-IgG	国械注准 20153400151

续表

试剂名称	规格（人份）	方法	靶抗原	注册证号
肺炎支原体 IgM 抗体	48/96	ELISA	MP-IgM	国械注准 20173404185
肺炎支原体 IgG 抗体	48/96	ELISA	MP-IgG	国械注准 20153400153
肺炎衣原体 IgM 抗体	48/96	ELISA	CP-IgM	国械注准 20173404178
肺炎衣原体 IgG 抗体	48/96	ELISA	CP-IgG	国械注准 20153400155
柯萨奇 B 组病毒 IgG 抗体	48/96	ELISA	CVB-IgG	国械注准 20153401419
柯萨奇 B 组病毒 IgM 抗体	48/96	ELISA	CVB-IgM	国械注准 20153402118
埃可病毒 IgG 抗体	48/96	ELISA	ECHO-IgG	国械注准 20173404187
埃可病毒 IgM 抗体	48/96	ELISA	ECHO-IgM	国械注准 20173404184
水痘 - 带状疱疹病毒 IgG 抗体	48/96	ELISA	VZV-IgG	国械注准 20173404409
水痘 - 带状疱疹病毒 IgM 抗体	48/96	ELISA	VZV-IgM	国械注准 20173404181
麻疹病毒抗体（IgG）	48/96	ELISA	MV-IgG	国械注准 20163400937
麻疹病毒抗体（IgM）	48/96	ELISA	MV-IgM	国械注准 20163401036
结核分枝杆菌 IgG 抗体	48/96	ELISA	TB-IgGRA	国械注准 20163400933
结核分枝杆菌特异性细胞免疫反应	48/96	ELISA	TB-IgGRA	国械注准 20163401446
肠道病毒 71 型抗体（IgG）	48/96	ELISA	EV71-IgG	国械注准 20173401059
肠道病毒 71 型抗体（IgM）	48/96	ELISA	EV71-IgM	国械注准 20173401061
柯萨奇病毒 A16 型 IgM 抗体	48/96	ELISA	A16-IgM	国械注准 20163402344
抗幽门螺杆菌抗体	48/96	ELISA	HP-IgG	国械注准 20153401417
呼吸道合胞病毒 IgM 抗体	20	免疫层析法	RSV	国械注准 20153400145
埃可病毒 IgM 抗体	20	免疫层析法	ECHO	国械注准 20153400142
肺炎链球菌抗原	20	免疫层析法	SP	国械注准 20153400192
柯萨奇病毒 B 组 IgM 抗体	20	免疫层析法	CVB	国械注准 20153400144
肺炎衣原体 IgM 抗体	20	免疫层析法	CP	国械注准 20153400146
肺炎衣原体 IgG 抗体	20	免疫层析法	CP	国械注准 20153400143
肺炎支原体 IgM 抗体	20	免疫层析法	MP	国械注准 20153401717
肺炎支原体 IgG 抗体	20	免疫层析法	MP	国械注准 20153400147
结核杆菌*IgG 抗体	20	免疫层析法	TB-IgG	国械注准 20163400934
腺病毒 IgM 抗体	20	免疫层析法	ADV	国械注准 20183400003
人副流感病毒 IgM 抗体	20	免疫层析法	HPIV	国械注准 20183400002
柯萨奇病毒 A16 型 IgM 抗体	20	免疫层析法	CA16	国械注准 20153400141

* 即“结核分枝杆菌”

续表

试剂名称	规格（人份）	方法	靶抗原	注册证号
幽门螺旋杆菌抗体（IgG）	20	免疫层析法	HP	国械注准 20153401718
肠道病毒 71 型 IgM 抗体	20	免疫层析法	EV71	国械注准 20163402481
风疹病毒抗体（IgG）	48/96	ELISA	RV-IgG	国械注准 20173401065
人类巨细胞病毒抗体（IgG）	48/96	ELISA	CMV-IgG	国械注准 20173401062
弓形虫抗体（IgG）	48/96	ELISA	TOX-IgG	国械注准 20173401063

其他检测试剂

试剂名称	规格（人份）	方法	靶抗原	注册证号
透明质酸	100	CLIA	HA	京械注准 20172400570
层粘连蛋白*	100	CLIA	LN	京械注准 20172400568
Ⅲ型前胶原 N 端肽	100	CLIA	PⅢNP	京械注准 20172400571
Ⅳ型胶原	100	CLIA	CⅣ	京械注准 20172400569

* 即层黏连蛋白

北京大成生物工程有限公司

检测试剂

公司简介

达成生物由达成生物科技（苏州）有限公司（简称苏州达成）和北京大成生物工程有限公司（简称北京大成）组成，其中北京大成是苏州达成的全资子公司。苏州达成成立于2011年，位于苏州新加坡工业园区，是全自动磁微粒化学发光测定仪的生产基地。北京大成成立于2007年，位于北京市留学生人员创业园，是全自动磁微粒（管式）化学发光测定系统、高敏板式发光免疫分析系统的研发基地，同时为试剂的生产基地。

到目前为止，公司拥有全自动磁微粒化学发光免疫分析系统及高敏板式化学发光免疫分析系统的仪器注册文号。文号涵盖全自动管式磁微粒化学发光分析仪Aulia200（Stan.标准型）、Aulia200（Pro.加强型）及Auli200A（Super超级型），半自动板式高敏化学发光免疫分析仪SALIA096及SALIA096+前处理器，所配套试剂文号包括磁微粒及板式高敏试剂技术，涵盖了甲状腺功能、肿瘤标志物、激素类及糖代谢类检测项目等。

公司网址： http：// www.diacha.net/

联系电话： 010-81299172，81299173

产品目录

自身免疫性疾病检测试剂

试剂名称	规格（人份）	方法	靶抗原	注册证号
人甲状腺过氧化物酶抗体（TPOAb）定量测定试剂盒（磁微粒化学发光免疫分析法）	100	CLIA	TPOAb	京械注准 20152400382
人甲状腺球蛋白抗体（TGAb）定量测定试剂盒（磁微粒化学发光免疫分析法）	100	CLIA	TGAb	京械注准 20152400378

肿瘤免疫检测试剂

试剂名称	规格（人份）	方法	靶抗原	注册证号
甲胎蛋白（AFP）定量测定试剂盒（磁微粒化学发光法）	100	CLIA	AFP	国械注准 20153401243
癌胚抗原（CEA）定量测定试剂盒（磁微粒化学发光法）	100	CLIA	CEA	国械注准 20153401244
神经元特异性烯醇化酶（NSE）定量测定试剂盒（磁微粒化学发光法）	100	CLIA	NSE	国械注准 20153401245
游离前列腺特异性抗原（FPSA）定量测定试剂盒（磁微粒化学发光法）	100	CLIA	FPSA	国械注准 20153401247
糖类抗原 15-3（CA15-3）定量测定试剂盒（磁微粒化学发光法）	100	CLIA	CA15-3	国械注准 20153401248
糖类抗原 72-4（CA72-4）定量测定试剂盒（磁微粒化学发光法）	100	CLIA	CA72-4	国械注准 20153401249

续表

试剂名称	规格（人份）	方法	靶抗原	注册证号
总前列腺特异性抗原（TPSA）定量测定试剂盒（磁微粒化学发光法）	100	CLIA	TPSA	国械注准 20153401250
糖类抗原 125（CA125）定量测定试剂盒（磁微粒化学发光法）	100	CLIA	CA125	国械注准 20153401251
糖类抗原 19-9（CA19-9）定量测定试剂盒（磁微粒化学发光法）	100	CLIA	CA19-9	国械注准 20153401252
糖类抗原 50（CA50）定量测定试剂盒（磁微粒化学发光法）	100	CLIA	CA50	国械注准 20153401263
细胞角蛋白 19 片段（CYFRA21-1）定量测定试剂盒（磁微粒化学发光法）	100	CLIA	CYRFA21-1	国械注准 20153401264
糖类抗原 242（CA242）定量测定试剂盒（磁微粒化学发光法）	100	CLIA	CA242	国械注准 20153401265
鳞状细胞癌抗原（SCC）定量测定试剂盒（磁微粒化学发光法）	100	CLIA	SCC	国械注准 20153401266
人附睾分泌蛋白 4（HE4）定量测定试剂盒（磁微粒化学发光法）	100	CLIA	HE4	国械注准 20153401267
胃蛋白酶原Ⅰ（PGI）定量测定试剂盒（磁微粒化学发光法）	100	CLIA	PGI	国械注准 20153401456
胃蛋白酶原Ⅱ（PGII）定量测定试剂盒（磁微粒化学发光法）	100	CLIA	PGII	国械注准 20153401457
原癌基因人类表皮生长因子受体 2（HER-2）定量测定试剂盒（磁微粒化学发光法）	100	CLIA	HER-2	国械注准 20153401262
甲胎蛋白（AFP）测定试剂盒（化学发光法）	96，48	CLIA	AFP	国械注准 20183401657
癌胚抗原（CEA）测定试剂盒（化学发光法）	96，48	CLIA	CEA	国械注准 20183401656
糖类抗原 125（CA125）测定试剂盒（化学发光法）	96，48	CLIA	CA125	国械注准 20173404638
糖类抗原 19-9（CA19-9）测定试剂盒（化学发光法）	96，48	CLIA	CA19-9	国械注准 20173404653
总前列腺特异性抗原（TPSA）测定试剂盒（化学发光法）	96，48	CLIA	TPSA	国械注准 20183401658
游离前列腺特异性抗原（FPSA）测定试剂盒（化学发光法）	96，48	CLIA	FPSA	国械注准 20173404682
糖类抗原 50（CA50）测定试剂盒（化学发光法）	96，48	CLIA	CA50	国械注准 20173404634
铁蛋白（FERRITIN）定量测定试剂盒（磁微粒化学发光法）	100	CLIA	FERRITIN	京械注准 20152400383
人绒毛膜促性腺激素 -β 亚单位（β-HCG）定量测定试剂盒（化学发光免疫分析法）	96，48	CLIA	β-HCG	京械注准 20152400375

北京和杰创新生物医学科技有限公司

检测试剂

公司简介

北京和杰创新生物医学科技有限公司于2005年成立于北京，公司位于高新技术云集的北京亦庄经济开发区。专注于医疗器械领域体外诊断试剂等产品的研发、生产和销售。目前主要产品是自身免疫的检测试剂，主要用于风湿性疾病的体外诊断。为医院和临床检测中心提供可靠、有效的检测手段。

我们的产品种类齐全，品质优良。检测方法涉及间接免疫荧光、ELISA、Dot-ELISA等。

公司网址：http：//www.hjnovomed.com.cn/

联系电话：010-56532469

产品目录

自身免疫性疾病检测试剂

试剂名称	规格（人份）	方法	靶抗原	注册证号
抗核抗体谱检测试剂盒（6、7、12、15、18项）	20，40	Dot-ELISA	dsDNA、组蛋白、核小体、Sm、nRNP/Sm、U1-snRNP 70Kd、U1-snRNP A、U1-snRNP C、SSA、Ro52、SSB、Scl-70、Jo-1、rRNP、PCNA、PM-Scl、CENP B、AMA-M2	京械注准20162400208
抗核抗体（ANA）检测试剂盒	30，50，100	IIFT	HEp-2	京械注准20152400640
抗角蛋白抗体（AKA）检测试剂盒	30，50，100	IIFT	大鼠食管中1/3段的横切面	京食药监械（准）字2014第2400810号
抗核周因子（APF）检测试剂盒	30，50，100	IIFT	人颊黏膜上皮细胞	京食药监械（准）字2014第2400811号
抗双链DNA（dsDNA）抗体检测试剂盒	30，50，100	IIFT	绿蝇短膜虫	京械注准20152400639
抗中性粒细胞胞浆抗体（ANCA）检测试剂盒	30，50，100	IIFT	中性粒细胞	京械注准20172401104
抗髓过氧化物酶（MPO）、蛋白酶3（PR3）、肾小球基底膜（GBM）IgG抗体检测试剂盒	16，32	Dot-ELISA	MPO、PR3、GBM	京械注准20172401103
抗心磷脂/β2糖蛋白1抗体检测试剂盒	20，40	Dot-ELISA	心磷脂，β2糖蛋白1	京食药监械（准）字2014第2400673号
抗环状瓜氨酸肽抗体检测试剂盒	96	ELISA	CCP	国械注进20162401975
抗髓过氧化物酶IgG抗体检测试剂盒	96	ELISA	MPO	国械注进20152404106
抗蛋白酶3 IgG抗体检测试剂盒	96	ELISA	PR3	国械注进20152404105
自身免疫性肝病抗体谱检测试剂盒（4、7、10项）	20，40	Dot-ELISA	AMA M2、SP100、gp210、LKM-1、LC-1、SLA/LP、Ro-52、SSA、SSB、CENP B	京食药监械（准）字2014第2401207号

北京九强生物技术股份有限公司

检测试剂

九强生物
BSBE

公司简介

九强生物创立于2001年，是以体外诊断产品（“金斯尔”品牌）的研发、生产和销售为主营业务的国家高新技术企业，拥有与国际同步发展的系列产品。成立以来，公司一直专注体外诊断产品系统的研发，拥有专业的产品研发团队，建立起化学法、酶法（含循环酶法）、普通免疫比浊法、胶乳增强免疫比浊法、均相酶免疫法五大生化研发技术平台，且公司研发中心已获“生化免疫诊断试剂北京市工程实验室”认定。

自2013年起，九强生物与雅培、罗氏、日立、迈瑞、威高等国内外知名企业陆续建立起生化战略合作关系，与雅培签署的《技术许可和转让合作协议》。通过10多年的长足发展，九强生物已经成长为中国体外诊断产品制造厂商，并逐步在国际IVD市场上占有一席之地。公司于2014年在我国创业板成功上市。

公司网址：http：//bsbe.com.cn/

联系电话：010-82012486，61667168

产品目录

非特异性免疫检测试剂

试剂名称	规格	方法	注册证号
β2-微量球蛋白检测试剂盒	R1：1×60 ml R2：1×20 ml	胶乳免疫比浊法	京械注准20152400963
抗链球菌溶血素“O”测定试剂盒	R1：2×15 ml R2：1×50 ml	胶乳免疫比浊法	京械注准20162401075
类风湿因子测定试剂盒	R1：3×20 ml R2：1×20 ml	胶乳免疫比浊法	京械注准20162401074
C反应蛋白测定试剂盒	R1：3×60 ml R2：3×20 ml	免疫比浊法	京械注准20162401083
全程C反应蛋白测定试剂盒	R1：2×20 ml R2：2×20 ml	胶乳免疫比浊法	京械注准20162401079
前白蛋白测定试剂盒	R1：3×20 ml R2：1×20 ml	免疫比浊法	京械注准20162400561
免疫球蛋白A测定试剂盒	R1：2×50 ml R2：2×10 ml	免疫比浊法	京械注准20162401080
免疫球蛋白G测定试剂盒	R1：2×50 ml R1：2×50 ml	免疫比浊法	京械注准20162401086
免疫球蛋白M测定试剂盒	R1：2×50 ml R2：2×10 ml	免疫比浊法	京械注准20162401084
补体C3测定试剂盒	R1：2×50 ml R2：2×10 ml	免疫比浊法	京械注准20162401085
补体C4测定试剂盒	R1：2×50 ml R2：2×10 ml	免疫比浊法	京械注准20162401081
中性粒细胞明胶酶相关脂质运载蛋白测定试剂盒	R1: 1×60 ml R2: 1×20 ml	胶乳免疫比浊法	京械注准20172400921

续表

试剂名称	规格	方法	注册证号
转铁蛋白测定试剂盒	R1：2 × 60 ml R2：2 × 20 ml	免疫比浊法	京械注准 20152400293
D- 二聚体测定试剂盒	R1：1 × 60 ml R2：1 × 20 ml	胶乳免疫比浊法	京械注准 20172400926
纤维蛋白（原）降解产物测定试剂盒	R1：1 × 60 ml R2：1 × 22 ml	胶乳免疫比浊法	京械注准 20152400980
纤维连接蛋白测定试剂盒	R1：1 × 60 ml R2：1 × 20 ml	免疫比浊法	京械注准 20152400996
降钙素原测定试剂盒	R1：1 × 45 ml R2：1 × 15 ml	胶乳免疫比浊法	京械注准 20152400286

自身免疫性疾病检测试剂

试剂名称	规格	方法	注册证号
抗环瓜氨酸肽抗体测定试剂盒	R1：1 × 45 ml R2：1 × 15 ml	胶乳免疫比浊法	京械注准 20152400295

肿瘤免疫检测试剂

试剂名称	规格	方法	注册证号
甲胎蛋白测定试剂盒	R1：2 × 15 ml R2：1 × 15 ml	胶乳免疫比浊法	国械注准 20143401987
总前列腺特异性抗原测定试剂盒	R1：1 × 40 ml R2：1 × 20 ml	胶乳免疫比浊法	国械注准 20143402166
铁蛋白测定试剂盒	R1：1 × 40 ml R2：1 × 20 ml	胶乳免疫比浊法	京械注准 20172401151
胃蛋白酶原Ⅱ测定试剂盒	R1: 1 × 54 ml R2: 1 × 10 ml	胶乳免疫比浊法	京械注准 20162400288
胃蛋白酶原Ⅰ测定试剂盒	R1: 1 × 54 ml R2: 1 × 10 ml	胶乳免疫比浊法	京械注准 20162400287

北京中航赛维生物科技有限公司

检测试剂

公司简介

北京中航赛维生物科技有限公司，坐落于北京经济技术开发区，是集全自动化学发光仪器与试剂研发、生产、销售、服务为一体的高新技术企业，致力于将高端制造融入医疗器械。

公司专注于体外诊断行业下的磁微粒管式化学发光，汇聚了生物工程、检验医学、系统控制、软件开发等多个领域的研发菁英，其中研发核心人员经过十余年行业沉淀，成功搭建了成熟的体外诊断化学发光设备与试剂的研发平台。

公司本着锐意进取，自主创新的精神，研发生产高度智能化的全自动化学发光免疫分析系统，掌握全部核心技术，拥有多项发明专利。配套化学发光试剂盒覆盖包括甲状腺功能、性激素、肿瘤标志物、肝纤维化、自身抗体等多个项目。同时，公司已组建专业的销售团队及完善的服务体系，为客户提供完整的化学发光解决方案。

公司网址：http：//www.savibio.com

联系电话：010-67902928

产品目录

自身免疫性疾病检测试剂

试剂名称	规格（人份）	方法	靶抗原	注册证号
抗 nRNP/Sm 抗体 IgG	100	CLIA	nRNP/Sm	京械注准 20162401025
抗 Sm 抗体 IgG	100	CLIA	Sm 抗原	京械注准 20162401034
抗 SS-A 抗体 IgG	100	CLIA	SS-A（Ro 60KD）	京械注准 20162401033
抗 SS-B 抗体 IgG	100	CLIA	SS-B（La）	京械注准 20162401020
抗 Scl-70 抗体 IgG	100	CLIA	拓扑异构酶 I	京械注准 20162401018
抗 PM-Scl 抗体 IgG	100	CLIA		京械注准 20162401017
抗 Jo-1 抗体 IgG	100	CLIA	组胺酰 tRNA 合成酶	京械注准 20162401023
抗着丝点抗体 IgG	100	CLIA	着丝点	京械注准 20162401024
抗双链 DNA 抗体 IgG	100	CLIA	dsDNA	京械注准 20162401029
抗核小体抗体 IgG	100	CLIA	核小体	京械注准 20162401027
抗组蛋白抗体 IgG	100	CLIA	组蛋白	京械注准 20162401030
抗核糖体 P 蛋白 IgG	100	CLIA	核糖体 P 蛋白	京械注准 20162401019
抗髓过氧化物酶抗体 IgG	100	CLIA	髓过氧化物酶	京械注准 20162401021
抗蛋白酶 3 抗体 IgG	100	CLIA	蛋白酶 3	京械注准 20162401028
抗肾小球基底膜抗体 IgG	100	CLIA	肾小球基底膜	京械注准 20162401022

续表

试剂名称	规格（人份）	方法	靶抗原	注册证号
抗 M2-3E 抗体 IgG	100	CLIA	AMAM2-3E	京械注准 20162401031
抗 SLA/LP 抗体 IgG	100	CLIA	SLA/LP	京械注准 20162401032
抗 LKM-1 抗体 IgG	100	CLIA	LKM-1	京械注准 20162401026
甲状腺过氧化物酶抗体	100	CLIA	甲状腺过氧化物酶	京械注准 20152401065
甲状腺球蛋白抗体	100	CLIA	甲状腺球蛋白	京械注准 20152401071

肿瘤免疫检测试剂

试剂名称	规格（人份）	方法	靶抗原	注册证号
甲胎蛋白	100	CLIA	AFP	国械注准 20163400051
癌胚抗原	100	CLIA	CEA	国械注准 20163400523
前列腺特异性抗原	100	CLIA	PSA	国械注准 20163400524
游离前列腺特异性抗原	100	CLIA	F-PSA	国械注准 2963400478
肿瘤相关抗原 125	100	CLIA	CA125	国械注准 20153402269
糖类抗原 19-9	100	CLIA	CA19-9	国械注准 20153402268
癌抗原 15-3	100	CLIA	CA15-3	国械注准 20153402270
铁蛋白	100	CLIA	FER	京械注准 20162400131
β 人绒毛膜促性腺激素	100	CLIA	β-hCG	京械注准 20172400572

其他检测试剂

试剂名称	规格（人份）	方法	靶抗原	注册证号
透明质酸	100	CLIA	HA	京械注准 20172400570
层粘连蛋白*	100	CLIA	LN	京械注准 20172400568
Ⅲ型前胶原 N 端肽	100	CLIA	PⅢNP	京械注准 20172400571
Ⅳ型胶原	100	CLIA	CⅣ	京械注准 20172400569

* 即“层黏连蛋白”

碧迪医疗器械（上海）有限公司

检测试剂

公司简介

碧迪医疗器械（上海）有限公司（BD）是一家全球化的医疗技术公司，通过改善医学发现方法、医疗诊断效果和护理质量以引领世界健康。BD 关注并支持每位医务工作者，并专注于流式细胞术的研发和技术创新，BD 及其 65，000 名全球员工秉承高度的热情和信念，致力于帮助提升患者的治疗效果，为临床医护人员提供安全、高效的护理给药流程，协助实验室科学家们更有效地诊断疾病，并提升科研人员研发新一代诊断及治疗疾病的能力。BD 在几乎所有国家均设有分支机构。2017 年，BD 欢迎巴德及其产品加入 BD 大家庭。

公司网址：www.bd.com/China

联系电话：4008199900

产品目录

其他检测试剂

注册产品名称	规格	方法	产品性能结构及组成	注册证号
淋巴细胞亚群检测试剂盒（流式细胞法）	50 检测人份	FCM	A 瓶：LeucoGATE(CD45/CD14) 试剂；B 瓶：同型对照；C 瓶：CD3、CD19、抗体试剂；D 瓶：CD3、CD4 抗体试剂；E 瓶：CD3、CD8 抗体试剂；F 瓶：CD3、CD16+CD56 抗体试剂；G 瓶：FACS 溶血素	国食药监械（进）字 2014 第 3400254 号
HLA-B27 检测试剂盒（流式细胞法）	50 检测人份	FCM	该产品包括一瓶鼠单克隆抗体结合物，FITC 结合的 HLA-B27，PE 结合的 CD3；一瓶 10x BD FACS 溶血素浓缩液和一瓶可用于 10 次校准的 HLA-B27 校准微球。试剂 A 抗 -HLA-B27 FITC/CD3 PE，试剂 B 10x BD FACS 溶血素，试剂 C HLA-B27 校准微球	国食药监械（进）字 2014 第 3401430 号
流式细胞仪 APC 设置微球	25 检测人份	FCM	设置微球为大小 6μm 的聚甲醛丙烯酸甲酯微球，单独瓶装 2.5ml 的 APC 标记微球，稳定保存于含 0.1% 的叠氮化钠的缓冲盐溶液中	国食药监械（进）字 2014 第 3403750 号
流式细胞仪三色设置微球	25 检测人份	FCM	包括 2.5ml 的为标记微球一瓶，1.25ml FITC 标记的微球一瓶，1.25ml PE 标记的微球一瓶，1.25ml PerCP 标记的微球一瓶。每瓶为大小 6μm 的聚甲醛丙烯酸甲酯微球，试剂稳定保存于含 0.1% 叠氮化钠的缓冲盐溶液中	国食药监械（进）字 2014 第 3403751 号
CD34/CD45/ 核酸计数试剂盒（流式细胞法）	25 检测人份	FCM	包含 CD34 检测试剂、对照试剂和 BD Trucount 绝对计数管，足够做 25 次测试。每种试剂均溶解在含牛凝胶和 0.1% 叠氮化钠的磷酸盐缓冲液 PBS 中	国食药监械（进）字 2014 第 3403968 号
白细胞分化抗原 CD33 检测试剂盒（流式细胞仪法 -PE-Cy7）	100 检测人份	FCM	CD33，克隆 P67.6，来源于小鼠 Sp2/0 骨髓瘤细胞和用 FMY9S5 细胞（含有 CD33 基因）免疫的 BALB/c 小鼠脾细胞的杂交瘤。CD33 由小鼠 IgG1 重链和 kappa 轻链组成。试剂溶解在含有明胶和 0.1% 叠氮化钠的缓冲盐溶液（PBS）中	国食药监械（进）字 2014 第 3404901 号

续表

注册产品名称	规格	方法	产品性能结构及组成	注册证号
白细胞分化抗原CD5检测试剂盒（流式细胞仪法-PerCP-Cy5.5）	50检测人份	FCM	CD5，L17F12，来源于小鼠NS-1/Ag4骨髓瘤细胞和用人类急性T淋巴细胞白血病细胞免疫的BALB/c小鼠脾细胞的杂交瘤。CD5由小鼠IgG2a重链和kappa轻链组成。试剂溶解在含有明胶和0.1%叠氮化钠的缓冲盐溶液（PBS）中	国食药监械(进)字2014第3404900号
白细胞分化抗原CD2检测试剂盒（流式细胞仪法-APC）	100检测人份	FCM	CD2，克隆S5.2，来自小鼠Sp2/0骨髓瘤细胞和用T淋巴细胞（通过混合淋巴细胞培养激活）免疫的BALB/c小鼠脾细胞的杂交瘤。CD2由小鼠IgG2a重链和kappa轻链组成。试剂存放在含有明胶和0.1%叠氮化钠的缓冲盐溶液（PBS）中	国食药监械(进)字2014第3404899号
白细胞分化抗原CD38检测试剂盒（流式细胞仪法-FITC）	50检测人份	FCM	CD38，HB7克隆，来自小鼠P3-X63Ag8.653骨髓瘤细胞和BJAB细胞免疫的BALB/c小鼠脾细胞的杂交瘤。CD38由小鼠IgG1重链和kappa轻链组成。试剂存放在含有明胶和0.1%叠氮化钠的缓冲盐溶液（PBS）中	国食药监械(进)字2014第3404446号
白细胞分化抗原CD19检测试剂盒（流式细胞仪法-PE-Cy7）	100检测人份	FCM	CD19，克隆SJ25C1，来自小鼠Sp2/0骨髓瘤细胞和用NALM1+NALM16细胞免疫的BALB/c小鼠脾细胞的杂交瘤。CD19由小鼠IgG1重链和kappa轻链组成。试剂存放在含有明胶和0.1%叠氮化钠的缓冲盐溶液（PBS）中	国食药监械(进)字2014第3404443号
白细胞分化抗原CD19检测试剂盒（流式细胞仪法-FITC）	50检测人份	FCM	CD19，克隆SJ25C1，来自小鼠Sp2/0骨髓瘤细胞和用NALM1+NALM16细胞免疫的BALB/c小鼠脾细胞的杂交瘤。CD19由小鼠IgG1重链和kappa轻链组成。试剂存放在含有明胶和0.1%叠氮化钠的缓冲盐溶液（PBS）中	国食药监械(进)字2014第3404444号
白细胞分化抗原CD16检测试剂盒（流式细胞仪法-FITC）	100检测人份	FCM	CD16（Leu-11a），克隆NKP15，来自小鼠P3-X63-Ag8骨髓瘤细胞和用大颗粒淋巴细胞免疫的BALB/c小鼠脾细胞的杂交瘤。CD16（Leu-11a）由小鼠IgG1重链和kappa轻链组成。试剂存放在含有明胶和0.1%叠氮化钠的缓冲盐溶液（PBS）中	国食药监械(进)字2014第3404448号
白细胞分化抗原CD11b检测试剂盒（流式细胞仪法-PE）	100检测人份	FCM	CD11b，D12克隆，来源于小鼠NS-1骨髓瘤细胞和用人外周血T淋巴细胞免疫的BALB/c小鼠脾细胞的杂交瘤。CD11b由小鼠IgG2a重链和kappa轻链组成。试剂溶解在含有明胶和0.1%叠氮化钠的缓冲盐溶液（PBS）中	国食药监械(进)字2014第3404447号
白细胞分化抗原CD8检测试剂盒（流式细胞仪法-PE-Cy7）	100检测人份	FCM	CD8，SK1克隆，来源于鼠NS-1骨髓瘤细胞和用人外周血T淋巴细胞免疫的BALB/c小鼠脾细胞的杂交瘤。CD8由小鼠IgG1重链和kappa轻链组成。试剂溶解在含有明胶和0.1%叠氮化钠的缓冲盐溶液（PBS）中	国食药监械(进)字2014第3404445号

续表

注册产品名称	规格	方法	产品性能结构及组成	注册证号
白细胞分化抗原CD4/CD8/CD3检测试剂（流式细胞仪法-FITC/PE/PerCP）	50检测人份	FCM	该产品包含0.1叠氮化钠的1ml缓冲盐溶液，FITC标记的CD4，克隆SK3，PE标记CD8，克隆SK1，以及PerCP标记CD3，克隆SK7	国食药监械(进)字2014第3404550号
淋巴细胞亚群检测试剂（流式细胞法-6色）	50检测人份	FCM	PE-Cy7标记的CD4，克隆SK3；APC标记的CD19，克隆SJ25C1；和APC-Cy7标记的CD8，克隆SK1	国食药监械(进)字2014第3404549号
白细胞分化抗原CD15检测试剂（流式细胞仪法-FITC）CD15 FITC Reagent	100检测人份	FCM	CD15，MMA克隆，来自小鼠P3-X63Ag8.653骨髓瘤细胞和U937组织细胞系免疫的BALB/c小鼠脾细胞的杂交瘤。CD15由小鼠IgM重链和kappa轻链组成。试剂存放在含有明胶和0.1%叠氮化钠的缓冲盐溶液（PBS）中	国械注进20143405718
白细胞分化抗原CD4检测试剂（流式细胞仪法-APC-Cy7) CD4 APC-Cy7 Reagent	100检测人份	FCM	CD4，SK3克隆，来自小鼠NS-1骨髓瘤细胞和人外周血T淋巴细胞免疫的BALB/c小鼠脾细胞的杂交瘤细胞。CD4由小鼠IgG1重链和kappa轻链所组成。试剂存放在含有明胶和0.1%叠氮化钠的缓冲盐溶液（PBS）中	国械注进20153400113
流式细胞分析用溶血素	100ml	FCM	FACS溶血素（10倍浓缩）包含浓度小于15%的甲醛和小于50%的二甘醇	国械备20151828号
白细胞分化抗原CD38检测试剂（流式细胞仪法-APC）CD38 APC(HB-7) Reagent	100检测人份	FCM	CD38，HB7克隆，来自小鼠P3-X63-Ag8.653骨髓瘤细胞和用BJAB细胞系免疫的BALB/c小鼠脾细胞的杂交瘤细胞。CD38由小鼠IgG1重链和kappa轻链组成。试剂存放在含有明胶和0.1%叠氮化钠的缓冲盐溶液（PBS）中	国械注进20153400926
白细胞分化抗原CD20检测试剂（流式细胞仪法-APC-Cy7）CD20 APC-Cy7 Reagent	100检测人份	FCM	CD20，L27克隆，来自小鼠Sp2/0骨髓瘤细胞和LB淋巴细胞免疫的BALB/c小鼠脾细胞的杂交瘤细胞。CD20由小鼠IgG1重链和kappa轻链组成。试剂存放在含有明胶和0.1%叠氮化钠的缓冲盐溶液（PBS）中	国械注进20153401387
白细胞分化抗原CD14检测试剂（流式细胞仪法-APC-Cy7）CD14 APC-Cy7 Reagent	100检测人份	FCM	CD14，MP9克隆，来自小鼠Sp2/0骨髓瘤细胞和用风湿性关节炎患者外周血单细胞免疫的BALB/c小鼠脾细胞的杂交瘤。CD14由小鼠IgG2a重链和kappa轻链组成。试剂存放在含有明胶和0.1%叠氮化钠的缓冲盐溶液（PBS）中	国械注进20153401386
T淋巴细胞亚群计数试剂盒（流式细胞仪法）	50实验人次	FCM	CD4PE/CD3PE-Cy5管（绿色管盖）、CD8PE/CD3PE-Cy5管（透明管盖）、220个试剂管盖、2瓶含5%甲醛的磷酸盐缓冲液，每瓶5ml，用作固定溶液	国械注进20153404065
绝对计数管BD Trucount Absolute Count Tubes	25支/袋，2袋/盒	FCM	含有冻干荧光微球的颗粒，供一次性使用	国械注进20162400403
流式细胞分析用鞘液(备注Netherland&US made)	20L	FCM	由含盐缓冲液和防腐剂组成	国械备20160519号

续表

注册产品名称	规格	方法	产品性能结构及组成	注册证号
淋巴细胞亚群检测试剂盒 BD MultiTEST IMK Kit	50 实验人次	FCM	BD Multitest IMK 试剂盒按规定足以开展 50 次检测， 含 1 瓶 BD Multitest CD3/CD8/CD45/CD4 试剂，溶解在含有 0.1% 叠氮化钠的 1ml 缓冲液中。含 1 瓶 BD Multitest CD3/CD16+CD56/CD45/CD19 试剂，溶解在含有 0.1% 叠氮化钠的 1ml 缓冲液中；溶血素（10 倍浓缩），专有缓冲液（含有＜15% 甲醛和＜50% 二甘醇）。具体成分见注册证	国械注进 20163402003
白细胞分化抗原 CD3/CD16+CD56/CD45 检测试剂盒（流式细胞仪法 -FITC/PE/PerCP）BD Tritest CD3/CD16+CD56/CD45	50 实验人次	FCM	BD TriTEST CD3/CD16+CD56/CD45 试剂保存在含牛血清蛋白和 0.1% 叠氮化钠的 1ml 缓冲盐溶液中。其中含有 FITC 标记的 CD3，克隆 SK7;PE 标记的 CD16，克隆 B73.1；和 CD56，克隆 NCAM 16.2；PerCP 标记的 CD45, 克隆 2D1（Hle-1）	国械注进 20163402007
白细胞分化抗原 CD3/CD8/CD45 检测试剂盒（流式细胞仪法 -FITC/PE/PerCP）BD Tritest CD3/CD8/CD45	50 检测人份	FCM	BD TriTEST CD3/CD8/CD45 试剂保存在含牛血清蛋白和 0.1% 叠氮化钠的 1ml 缓冲盐溶液中。其中含有 FITC 标记的 CD3，克隆 SK7;PE 标记的 CD8，克隆 SK1；和 PerCP 标记的 CD45, 克隆 2D1（Hle-1）	国械注进 20163402004
白细胞分化抗原 CD3/CD8/CD45/CD4 检测试剂盒（流式细胞仪法 -FITC/PE/PerCP/APC）BD Multitest CD3/CD8/CD45/CD4	50 检测人份	FCM	BD MultiTEST CD3/CD8/CD45CD4 试剂保存在 0.1% 叠氮化钠的 1ml 缓冲盐溶液中。其中含有 FITC 标记的 CD3，克隆 SK7；PE 标记的 CD8，克隆 SK1；和 PerCP 标记的 CD45，克隆 2D1（Hle-1）；APC 标记的 CD4，克隆 SK3	国械注进 20163402006
白细胞分化抗原 CD4 检测试剂（流式细胞仪法 -FITC）CD4 FITC	100 检测人份	FCM	BDIS CD4 FITC 试剂是鼠源性单克隆抗体，保存在含有明胶和 0.1% 叠氮化钠的缓冲盐溶液中。其中含有 FITC 标记的 CD4，克隆 SK3，用于鉴别辅助性 / 诱导性淋巴细胞 CD4+ 亚群	国械注进 20163402005
CD3 检测试剂盒（流式细胞仪法 -FITC）	50 检测人份	FCM	该产品是一种单克隆抗体，存放在含有凝胶和 0.1% 叠氮化钠的缓冲盐溶液中，有两种使用规格：50 或 250 检测人份。试剂含有 FITC 标记的 CD3 抗体，SK7 克隆。其中，CD3 抗体由小鼠 IgG1 重链和 κ 轻链构成	国械注进 20173400489
CD3 检测试剂盒（流式细胞仪法 -FITC）	250 检测人份	FCM	该产品是一种单克隆抗体，存放在含有凝胶和 0.1% 叠氮化钠的缓冲盐溶液中，有两种使用规格：50 或 250 检测人份。试剂含有 FITC 标记的 CD3 抗体，SK7 克隆。其中，CD3 抗体由小鼠 IgG1 重链和 κ 轻链构成	国械注进 20173400489
白细胞分化抗原 CD3/CD4/CD45 检测试剂盒（流式细胞仪法 -FITC/PE/PerCP）BD Tritest CD3/CD4/CD45	50 检测人份	FCM	该产品保存在含牛血清蛋白和 0.1% 叠氮化钠的 1ml 缓冲盐溶液中。其中含有 FITC 标记的 CD3，克隆 SK7;PE 标记的 CD4，克隆 SK3；和 PerCP 标记的 CD45, 克隆 2D1（Hle-1）	国械注进 20173400490

续表

注册产品名称	规格	方法	产品性能结构及组成	注册证号
白细胞分化抗原CD8检测试剂盒（流式细胞仪法-PE）CD8 PE	100检测人份	FCM	该产品为鼠源性单克隆抗体，保存在含有明胶和0.1%叠氮化钠的缓冲盐溶液中。其中含有PE标记的CD8（Leu-2a），克隆DK1	国械注进20173400487
白细胞分化抗原CD19检测试剂（流式细胞仪法-PE）CD19 PE	50检测人份	FCM	CD19 PE单克隆抗体试剂保存在含有明胶和0.1%叠氮化钠的缓冲盐溶液（PBS）中，其中含有PE标记的CD19(Leu-12)，克隆4G7	国械注进20173400546
流式细胞分析用鞘液（备注Poland made）	20L	FCM	由含盐缓冲液和防腐剂组成	国械备20170638号
白细胞分化抗原CD19检测试剂（流式细胞仪法-APC）	100检测人份	FCM	荧光APC标记的CD19单克隆抗体。装瓶浓度是每0.5ml磷酸盐缓冲液（PBS）中含25μg（具体内容详见产品说明书）	国械注准20163400022
白细胞分化抗原CD10检测试剂（流式细胞仪法-FITC）	50检测人份	FCM	荧光FITC标记的CD10单克隆抗体。装瓶浓度是每1.0ml磷酸盐缓冲液（PBS）中含12.5μg（具体内容详见产品说明书）	国械注准20163400023
白细胞分化抗原CD34检测试剂（流式细胞仪法-PE）	100检测人份	FCM	荧光PE标记的CD34单克隆抗体。装瓶浓度是每2.0ml磷酸盐缓冲液（PBS）中含50μg（具体内容详见产品说明书）	国械注准20163400024
白细胞分化抗原CD33检测试剂（流式细胞仪法-APC）	100检测人份	FCM	荧光APC标记的CD33单克隆抗体。装瓶浓度是每0.5ml磷酸盐缓冲液（PBS）中含6.2μg（具体内容详见产品说明书）	国械注准20163400025
白细胞分化抗原CD117检测试剂（流式细胞仪法-PE）	50检测人份	FCM	荧光PE标记的CD117单克隆抗体。装瓶浓度是每1.0ml磷酸盐缓冲液（PBS）中含10μg（具体内容详见产品说明书）	国械注准20163400026
白细胞分化抗原CD7检测试剂（流式细胞仪法-FITC）	50检测人份	FCM	荧光FITC标记的CD7单克隆抗体。装瓶浓度是每1.0ml磷酸盐缓冲液（PBS）中含12.5μg（具体内容详见产品说明书）	国械注准20163400027
白细胞分化抗原CD45检测试剂（流式细胞仪法-PerCP）	100检测人份	FCM	荧光PerCP标记的CD45单克隆抗体。装瓶浓度是每2.0ml磷酸盐缓冲液（PBS）中含50μg（具体内容详见产品说明书）	国械注准20163400028
白细胞分化抗原CD20检测试剂（流式细胞仪法-APC）	100检测人份	FCM	荧光APC标记的CD20单克隆抗体。装瓶浓度是每0.5ml磷酸盐缓冲液（PBS）中含20μg（具体内容详见产品说明书）	国械注准20163401565
白细胞分化抗原CD1a检测试剂（流式细胞仪法-PE）	50检测人份	FCM	荧光PE标记的CD1a单克隆抗体。装瓶浓度是每1.0ml磷酸盐缓冲液（PBS）中含25μg（具体内容详见产品说明书）	国械注准20163401566
Kappa检测试剂（流式细胞仪法-FITC）	50检测人份	FCM	荧光FITC标记的Kappa单克隆抗体。装瓶浓度是每1.0ml磷酸盐缓冲液（PBS）中含25μg（具体内容详见产品说明书）	国械注准20163401567
白细胞分化抗原CD4检测试剂（流式细胞仪法-PerCP）	100检测人份	FCM	荧光PerCP标记的CD4单克隆抗体。装瓶浓度是每2.0ml磷酸盐缓冲液（PBS）中含6.4μg（具体内容详见产品说明书）	国械注准20163401568

续表

注册产品名称	规格	方法	产品性能结构及组成	注册证号
HLA-DR 检测试剂（流式细胞仪法 -APC）	100 检测人份	FCM	荧光 APC 标记的 HLA-DR 单克隆抗体。装瓶浓度是每 0.5ml 磷酸盐缓冲液（PBS）中含 25μg（具体内容详见产品说明书）	国械注准 20163401569
白细胞分化抗原 CD11b 检测试剂（流式细胞仪法 -APC）	100 检测人份	FCM	荧光 APC 标记的 CD11b 单克隆抗体。装瓶浓度是每 0.5ml 磷酸盐缓冲液（PBS）中含 25μg（具体内容详见产品说明书）	国械注准 20163401570
白细胞分化抗原 CD3 检测试剂（流式细胞仪法 -APC）	100 检测人份	FCM	荧光 APC 标记的 CD3 单克隆抗体。装瓶浓度是每 0.5ml 磷酸盐缓冲液（PBS）中含 25μg（具体内容详见产品说明书）	国械注准 20163401571
白细胞分化抗原 CD8 检测试剂（流式细胞仪法 -PerCP）	100 检测人份	FCM	荧光 PerCP 标记的 CD8 单克隆抗体。装瓶浓度是每 2.0ml 磷酸盐缓冲液（PBS）中含 12μg（具体内容详见产品说明书）	国械注准 20163401572
白细胞分化抗原 CD5 检测试剂（流式细胞仪法 -APC）	100 检测人份	FCM	荧光 APC 标记的 CD5 单克隆抗体。装瓶浓度是每 0.5ml 磷酸盐缓冲液（PBS）中含 3μg（具体内容详见产品说明书）	国械注准 20163401573
Lambda 检测试剂（流式细胞仪法 -PE）	50 检测人份	FCM	荧光 PE 标记的 Lambda 单克隆抗体。装瓶浓度是每 1.0ml 磷酸盐缓冲液（PBS）中含 12.5μg（具体内容详见产品说明书）	国械注准 20163401574
白细胞分化抗原 CD22 检测试剂（流式细胞仪法 -PE）	100 检测人份	FCM	荧光 PE 标记的 CD22 单克隆抗体。装瓶浓度是每 2.0ml 磷酸盐缓冲液（PBS）中含 25μg（具体内容详见产品说明书）	国械注准 20173400002
白细胞分化抗原 CD71 检测试剂（流式细胞仪法 -FITC）	100 检测人份	FCM	荧光 FITC 标记的 CD71 单克隆抗体。装瓶浓度是每 2.0ml 磷酸盐缓冲液（PBS）中含 200μg（具体内容详见产品说明书）	国械注准 20173400003
白细胞分化抗原 CD79a 检测试剂（流式细胞仪法 -PE）	50 检测人份	FCM	荧光 PE 标记的 CD79a 单克隆抗体。装瓶浓度是每 1.0ml 磷酸盐缓冲液（PBS）中含 1.6μg（具体内容详见产品说明书）	国械注准 20173400004
MPO 检测试剂（流式细胞仪法 -FITC）	50 检测人份	FCM	荧光 FITC 标记的 MPO 单克隆抗体。装瓶浓度是每 1.0ml 磷酸盐缓冲液（PBS）中含 6.3μg（具体内容详见产品说明书）	国械注准 20173400005
白细胞分化抗原 CD20 检测试剂（流式细胞仪法 -FITC）	100 检测人份	FCM	荧光 FITC 标记的 CD20 单克隆抗体。装瓶浓度是每 2.0ml 磷酸盐缓冲液（PBS）中含 100μg（具体内容详见产品说明书）	国械注准 20173400055
白细胞分化抗原 CD13 检测试剂（流式细胞仪法 -PE）	100 检测人份	FCM	荧光 PE 标记的 CD13 单克隆抗体。装瓶浓度是每 2.0ml 磷酸盐缓冲液（PBS）中含 50μg（具体内容详见产品说明书）	国械注准 20173400056
白细胞分化抗原 CD56 检测试剂（流式细胞仪法 -PE）	50 检测人份	FCM	荧光 PE 标记的 CD56 单克隆抗体。装瓶浓度是每 1.0ml 磷酸盐缓冲液（PBS）中含 12.5μg（具体内容详见产品说明书）	国械注准 20173400057

续表

注册产品名称	规格	方法	产品性能结构及组成	注册证号
白细胞分化抗原CD56检测试剂（流式细胞仪法-FITC）	50检测人份	FCM	荧光FITC标记的CD56单克隆抗体。装瓶浓度是每1.0ml磷酸盐缓冲液（PBS）中含6μg（具体内容详见产品说明书）	国械注准20173400058
白细胞分化抗原CD34检测试剂（流式细胞仪法-APC）	100检测人份	FCM	荧光APC标记的CD34单克隆抗体。装瓶浓度是每0.5ml磷酸盐缓冲液（PBS）中含50μg（具体内容详见产品说明书）	国械注准20173400060
白细胞分化抗原CD16检测试剂（流式细胞仪法-PE）	100检测人份	FCM	荧光PE标记的CD16单克隆抗体。装瓶浓度是每2.0ml磷酸盐缓冲液（PBS）中含50μg（具体内容详见产品说明书）	国械注准20173400061
白细胞分化抗原CD2检测试剂（流式细胞仪法-FITC）	100检测人份	FCM	荧光FITC标记的CD2单克隆抗体。装瓶浓度是每2.0ml磷酸盐缓冲液（PBS）中含25μg（具体内容详见产品说明书）	国械注准20173401492
白细胞分化抗原CD3检测试剂（流式细胞仪法-PerCP）	100检测人份	FCM	荧光PerCP标记的CD3单克隆抗体。装瓶浓度是每2.0ml磷酸盐缓冲液（PBS）中含25μg（具体内容详见产品说明书）	国械注准20173401486
白细胞分化抗原CD5检测试剂（流式细胞仪法-PE）	100检测人份	FCM	荧光PE标记的CD5单克隆抗体。装瓶浓度是每2.0ml磷酸盐缓冲液（PBS）中含12.5μg（具体内容详见产品说明书）	国械注准20173401493
白细胞分化抗原CD14检测试剂（流式细胞仪法-FITC）	100检测人份	FCM	荧光FITC标记的CD14单克隆抗体。装瓶浓度是每2.0ml磷酸盐缓冲液（PBS）中含50μg（具体内容详见产品说明书）	国械注准20173401490
白细胞分化抗原CD14检测试剂（流式细胞仪法-APC）	100检测人份	FCM	荧光APC标记的CD14单克隆抗体。装瓶浓度是每0.5ml磷酸盐缓冲液（PBS）中含25μg（具体内容详见产品说明书）	国械注准20173401485
白细胞分化抗原CD19检测试剂（流式细胞仪法-PerCP）	50检测人份	FCM	荧光PerCP标记的CD19单克隆抗体。装瓶浓度是每1.0ml磷酸盐缓冲液（PBS）中含12.5μg（具体内容详见产品说明书）	国械注准20173401487
白细胞分化抗原CD25检测试剂（流式细胞仪法-PE）	50检测人份	FCM	荧光PE标记的CD25单克隆抗体。装瓶浓度是每1.0ml磷酸盐缓冲液（PBS）中含3μg（具体内容详见产品说明书）	国械注准20173401484
白细胞分化抗原CD38检测试剂（流式细胞仪法-PE）	100检测人份	FCM	荧光PE标记的CD38单克隆抗体。装瓶浓度是每2.0ml磷酸盐缓冲液（PBS）中含25μg（具体内容详见产品说明书）	国械注准20173401494
白细胞分化抗原CD45检测试剂（流式细胞仪法-FITC）	100检测人份	FCM	荧光FITC标记的CD45单克隆抗体。装瓶浓度是每2.0ml磷酸盐缓冲液（PBS）中含100μg（具体内容详见产品说明书）	国械注准20173401488
白细胞分化抗原CD64检测试剂（流式细胞仪法-PE）	50检测人份	FCM	荧光PE标记的CD64单克隆抗体。装瓶浓度是每1.0ml磷酸盐缓冲液（PBS）中含12.5μg（具体内容详见产品说明书）	国械注准20173401489
HLA-DR检测试剂（流式细胞仪法-FITC）	100检测人份	FCM	荧光FITC标记的HLA-DR单克隆抗体。装瓶浓度是每2.0ml磷酸盐缓冲液（PBS）中含50μg（具体内容详见产品说明书）	国械注准20173401491

伯乐生命医学产品（上海）有限公司

检测试剂

公司简介

伯乐（Bio-Rad）公司始创于1957年，总部设在美国加州，经过60年的不断耕耘，已经成为世界临床诊断和生命科学领域顶尖的高科技跨国公司之一。Bio-Rad公司的产品主要分布在生命科学和临床诊断两大领域。产品遍布全球200多个国家和地区，拥有8250多名员工，并设有全球运营网络，为上千家实验室提供全方位服务。

生命科学部：为生命科学领域客户提供各种仪器、软件、消耗品、试剂，以及为细胞生物学、基因表达、蛋白质纯化、蛋白质定量、药物研发和制造、食品安全和科学教育等领域的发展提供解决方案。

临床诊断部：Bio-Rad是全球临床质控产品、服务和信息系统的领先者。将输血、糖尿病监测、自身免疫及感染性疾病检测市场中技术用于支持疾病和其他身体状况的诊断、监测及治疗。

公司网址：www.bio-rad.com

公司电话：021-61698500

产品目录

自身免疫性疾病检测试剂

试剂名称	规格	方法	靶抗原	注册证号
抗核抗体谱（IgG）检测试剂盒	100人份	流式点阵免疫发光法	抗核抗体（ANA），dsDNA，smRNP，RNP A，RNP 68，Sm，SS-A，Ro-52，Ro 60，SS-B，Scl-70，Jo-1，centromere B，核染色质，抗核糖体蛋白	国食药监械（进）字2014第2403204号
抗核抗体校准品	7×0.5ml	流式点阵免疫发光法		国食药监械（进）字2014第2404317号
抗核抗体质控品	阳性质控品：4×1.5ml 阴性质控品：2×1.5ml	流式点阵免疫发光法		国械注进20142405090
血管炎抗体检测试剂盒	100人份	流式点阵免疫发光法	MPO，PR3，GBM	国械注进20172406088
血管炎抗体校准品	4×0.5ml	流式点阵免疫发光法		国械注进20172401746
血管炎抗体质控品	阳性质控品：2×1.5ml 阴性质控品：2×1.5ml	流式点阵免疫发光法		国械注进20172401744
抗磷脂综合征IgG抗体检测试剂盒	100人份	流式点阵免疫发光法	aCL，β2 GPI	国食药监械（进）字2014第2404318号
抗磷脂综合征IgG抗体校准品	7×0.5ml	流式点阵免疫发光法		国械注进20142405969

续表

试剂名称	规格	方法	靶抗原	注册证号
抗磷脂综合征 IgG 抗体质控品	阳性质控品：4 × 1.5ml 阴性质控品：2 × 1.5ml	流式点阵免疫发光法		国械注进 20142405970
抗环瓜氨酸肽抗体检测试剂盒	100 人份	流式点阵免疫发光法	CCP	国械注进 20172401754
抗环瓜氨酸肽抗体校准品	6 × 0.5ml	流式点阵免疫发光法		国械注进 20172401747
抗环瓜氨酸肽抗体质控品	阳性质控品：4 × 1.5ml 阴性质控品：2 × 1.5ml	流式点阵免疫发光法		国械注进 20172401755
抗 Sm/RNP 抗体 IgG	96 人份	ELISA	Sm/RNP	国械注进 20172401869
抗 Sm 抗体 IgG	96 人份	ELISA	Sm	国械注进 20172401893
抗 SS-A/Ro 抗体检测试剂盒	96 人份	ELISA	SS-A（Ro）	国械注进 20172401891
抗 SS-B/La 抗体检测试剂盒	96 人份	ELISA	SS-B（La）	国械注进 20172401871
抗 Scl-70 抗体检测试剂盒	96 人份	ELISA	Scl-70	国械注进 20172401870
抗 Jo-1 抗体检测试剂盒	96 人份	ELISA	Jo-1	国械注进 20172401892
抗核抗体（ANA）测定试剂盒	96 人份	ELISA	dsDNA	国械注进 20162400543

重庆中元生物技术有限公司

检测试剂

公司简介

重庆中元生物技术有限公司始创于2008年，是一家专业从事体外诊断试剂及仪器研发、生产、技术服务为一体的国家级高新技术企业。公司先后在重庆、上海、广州、深圳成立了研发中心，目前研发团队已占公司总人数的1/3，发明专利41项，取得150余项产品注册证，产品涵盖生物活性原料、诊断试剂、校准质控和诊断仪器。目前公司营销网络分为国际和国内两部分，国内网络覆盖全国27个省，形成售前产品咨询与推广、售中问题有效链接、售后产品应用技术支持的一体化，做到1小时响应，12小时到位服务。国际市场覆盖南亚、非洲、印度、中东等地。

公司网址：http://www.zybio.com

联系电话：023-68693600

产品目录

非特异性免疫检测试剂

试剂名称	规格（人份）	方法	靶抗原	注册证号
抗人尿微量白蛋白（mALB）抗体	25，50	免疫层析法	人白蛋白（ALB）	渝械注准20152400100
抗中性粒细胞明胶酶相关脂质运载蛋白（NGAL）抗体	25，50	免疫层析法	中性粒细胞明胶酶相关脂质运载蛋白（NGAL）	渝械注准20152400101
抗血清淀粉样蛋白（SAA）抗体	5	免疫比浊法	血清淀粉样蛋白（SAA）	渝械注准20172400051

自身免疫性疾病检测试剂

试剂名称	规格（人份）	方法	靶抗原	注册证号
抗髓过氧化物酶（MPO）抗体	25，50	免疫层析法	髓过氧化物酶（MPO）	渝械注准20152400099
抗环瓜氨酸肽抗体（anti-CCP）	5	免疫比浊法	抗环瓜氨酸肽抗体（anti-CCP）	渝械注准20162400163
抗类风湿因子（RF）抗体	5	免疫比浊法	类风湿因子（RF）	渝械注准20172400193
抗补体C1q抗体	5	免疫比浊法	补体C1q	渝械注准20172400052

肿瘤免疫检测试剂

试剂名称	规格（人份）	方法	靶抗原	注册证号
抗β-人绒毛膜促性腺激素（β-HCG）抗体	25，50	免疫层析法	β-HCG	渝械注准20172400066

德国 ORGENTEC 公司
（天津市秀鹏生物技术开发有限公司）

检测试剂

公司简介

1. 德国 ORGENTEC 公司简介

ORGENTEC 体外诊断公司位于德国的美因茨。ORGENTEC 体外诊断公司成立于 1988 年，2000 年在德国莱茵兰普法尔茨首府美因兹创立高科技生物园区，用于自身免疫产品的生产、销售、后勤、研究及发展、培训。自成立以来，公司一直致力于自身免疫检测产品系统的创新和发展。是一家实力颇为雄厚的生物试剂公司。

2. 天津市秀鹏生物技术开发有限公司简介

天津市秀鹏生物技术开发有限公司成立于 2001 年的民营高科技企业，前身为 1992 年成立的天津舒普生物公司。从事医学检验领域中的体外诊断试剂及配套医学检验仪器；以代理销售进口产品及自主研发实现进口替代并行的经营发展模式。

目前公司代理国外 3 家世界知名企业的原装产品中国区销售，并是德国 ORGENTEC 公司中国区销售总代理商。产品聚焦在自身免疫疾病、器官移植相关检测、血型基因分型等专业医学领域。公司销售网络覆盖全国，形成了以北方（天津销售分公司）、华东（上海销售分公司）、华南（广州销售分公司）三大区域为中心的面向全国辐射的销售网络。

公司网址：www.biosuper.com

联系电话：022-85689192

产品目录

自身免疫性疾病检测试剂

试剂名称	规格（人份/盒）	方法	靶抗原	注册证号
抗肾小球基底膜抗体测定试剂盒（酶联免疫法）	96	ELISA	Anti-GBM	国械注进 20172400413
抗突变型瓜氨酸波形蛋白 IgG 抗体测定试剂盒（酶联免疫法）	24	ELISA	Anti-MCV	国械注进 20172400430
抗突变型瓜氨酸波形蛋白抗体测定试剂盒（酶联免疫法）	96	ELISA	Anti-MCV	国械注进 20162401817
抗 C1q IgG 抗体测定试剂盒（酶联免疫法）	24	ELISA	Anti-C1q	国械注进 20172400420
抗 C1q 抗体测定试剂盒（酶联免疫法）	96	ELISA	Anti-C1q	国械注进 20172400418

续表

试剂名称	规格（人份/盒）	方法	靶抗原	注册证号
抗核抗体（ANA）测定试剂盒（酶联免疫法）	24	ELISA	SS-A52（Ro52），SS-A60（Ro60），SS-B（La），RNP-70，RNP/Sm，RNP-A，RNP-C，Sm-BB，Sm-D，Sm-E，Sm-F，Sm-G，Scl-70，Jo-1，dsDNA，ssDNA，polynucleosomes，monocucleosomes，Histone 复合物，Histone H1、H2A、H2B、H3、H4、PM-Scl-100，Centromere B	CFDA（I）20142403198
抗核抗体（ANA）检测试剂盒（酶联免疫法）	24	ELISA	RNP-70，RNP/Sm，Sm，SS-A（Ro60，Ro52），SS-B（La），Scl-70，CenpB，Jo-1	CFDA（I）20142403903
抗双链DNA（Anti-dsDNA）IgA抗体测定试剂盒（酶联免疫法）	24	ELISA	Anti-dsDNA IgA	CFDA（I）20142403948
抗双链DNA IgG抗体测定试剂盒（酶联免疫法）	24	ELISA	Anti-dsDNA IgG	国械注进 20172400417
抗双链DNA（Anti-dsDNA）IgM抗体测定试剂盒（酶联免疫法）	24	ELISA	Anti-dsDNA IgM	CFDA（I）20142403944
抗双链DNA（Anti-dsDNA）IgA/IgG/IgM抗体测定试剂盒（酶联免疫法）	24	ELISA	Anti-dsDNA IgA/IgG/IgM	CFDA（I）20142403949
抗双链DNA抗体测定试剂盒（酶联免疫法）	96	ELISA	Anti-dsDNA IgG	国械注进 20172400421
抗可溶性抗原抗体（ENA）测定试剂盒（酶联免疫法）	24	ELISA	RNP/Sm，Sm，SS-A（Ro60，Ro52），SS-B（La），Scl-70，Jo-1	国械注进 20142405757
抗肖格伦A IgG抗体（Anti-SS-A IgG）测定试剂盒（酶联免疫法）	24	ELISA	Anti-SS-A IgG	国械注进 20142405079
抗肖格伦A52（Anti-SS-A 52）IgG抗体测定试剂盒（酶联免疫法）	24	ELISA	Anti-SS-A 52	CFDA（I）20142403945
抗肖格伦A60（Anti-SS-A 60）IgG抗体测定试剂盒（酶联免疫法）	24	ELISA	Anti-SS-A 60	CFDA（I）20142403951
抗肖格伦B（Anti-SS-B）IgG抗体测定试剂盒（酶联免疫法）	24	ELISA	Anti-SS-B IgG	国械注进 20142405083
抗史密斯抗原IgG抗体（Anti-Sm IgG）测定试剂盒（酶联免疫法）	24	ELISA	Anti-Sm IgG	国械注进 20142405080
抗RNP/Sm抗体（Anti-RNP/Sm）测定试剂盒（酶联免疫法）	24	ELISA	Anti-RNP/Sm	国械注进 20142405753
抗核糖核蛋白70抗体（Anti-RNP-70）测定试剂盒（酶联免疫法）	24	ELISA	Anti-RNP-70	国械注进 20142405756
抗拓扑异构酶Ⅰ-70（Anti-Scl-70）IgG抗体测定试剂盒（酶联免疫法）	24	ELISA	Anti-Scl-70 IgG	国械注进 20142405082

续表

试剂名称	规格（人份/盒）	方法	靶抗原	注册证号
抗α-胞衬蛋白IgG抗体测定试剂盒（酶联免疫法）	24	ELISA	Anti-alpha-Fodrin IgG	国械注进20172400429
抗核小体（Anti-Nucleosome）IgG抗体测定试剂盒（酶联免疫法）	24	ELISA	Anti-Nucleosome	CFDA（I）20142403947
抗核小体（Anti-Nucleosome）IgG抗体测定试剂盒（酶联免疫法）	96	ELISA	Anti-Nucleosome	CFDA（I）20142403942
抗Jo-1（Anti-Jo-1）IgG抗体测定试剂盒（酶联免疫法）	24	ELISA	Anti-Jo-1 IgG	国械注进20142405081
抗心磷脂（Anti-Cardiolipin）IgA抗体测定试剂盒（酶联免疫法）	24	ELISA	Anti-Cardiolipin IgA	CFDA（I）20142403943
抗心磷脂IgG抗体（Anti-Cardiolipin IgG）测定试剂盒（酶联免疫法）	24	ELISA	Anti-Cardiolipin IgG	国械注进20142405078
抗心磷脂IgM抗体（Anti-Cardiolipin IgM）测定试剂盒（酶联免疫法）	24	ELISA	Anti-Cardiolipin IgM	国械注进20142405754
抗心磷脂（Anti-Cardiolipin）IgG/IgA/IgM抗体测定试剂盒（酶联免疫法）	24	ELISA	Anti-Cardiolipin IgA/IgG/IgM	CFDA（I）20142403905
抗心磷脂抗体检测试剂盒（酶联免疫法）	96	ELISA	Anti-Cardiolipin IgA/IgG/IgM	国械注进20162401816
抗β2糖蛋白I（Anti-beta-2-Glycoprotein I）IgA/ IgG/IgM抗体测定试剂盒（酶联免疫法）	24	ELISA	Anti-beta-2-Glycoprotein IgA/IgG/IgM	CFDA（I）20142403950
抗β2糖蛋白I（Anti-beta-2-Glycoprotein I）IgG/ IgA/IgM抗体测定试剂盒（酶联免疫法）	96	ELISA	Anti-beta-2-Glycoprotein I IgA/IgG/IgM	CFDA（I）20142403953
抗组织转谷氨酰胺酶（Anti-Tissue Transglutaminase）IgG和IgA抗体测定试剂盒（酶联免疫法）	24	ELISA	Anti-Tissue Transglutaminase IgA/IgG	CFDA（I）20142403946
抗麦胶蛋白（Anti-Gliadin）IgA/IgG抗体测定试剂盒（酶联免疫法）	24	ELISA	Anti-Gliadin IgA/IgG	CFDA（I）20142403952
抗麦胶蛋白抗体（Anti-Gliadin）测定试剂盒（酶联免疫法）	96	ELISA	Anti-Gliadin IgA/IgG	国械注进20142405758
抗线粒体-M2抗体测定试剂盒（酶联免疫法）	96	ELISA	AMA-M2	国械注进20172400419
抗髓过氧化物酶IgG抗体测定试剂盒（酶联免疫法）	24	ELISA	Anti-MPO	国械注进20172400416
抗髓过氧化物酶抗体测定试剂盒（酶联免疫法）	96	ELISA	Anti-MPO（pANCA）	国械注进20172400432

续表

试剂名称	规格（人份/盒）	方法	靶抗原	注册证号
抗蛋白酶 3 IgG 抗体测定试剂盒（酶联免疫法）	24	ELISA	Anti-PR3	国械注进 20172400414
抗蛋白酶 3 抗体测定试剂盒（酶联免疫法）	96	ELISA	Anti-PR3（cANCA）	国械注进 20172400415
抗肾小球基底膜（Anti-GBM）IgG 抗体测定试剂盒（酶联免疫法）	24	ELISA	Anti-GBM	CFDA（I）20142403904
抗蛋白酶 3、抗髓过氧化物酶、抗肾小球基底膜 IgG 抗体测定试剂盒（免疫印迹法）	16	免疫印迹	Anti-MPO（pANCA），Anti-PR3（cANCA）PR3，Anti-GBM	国械注进 20142405755
抗胰岛素（Anti-Insulin）IgG 抗体测定试剂盒（酶联免疫法）	96	ELISA	Anti-Insulin	CFDA（I）20142403954

其他检测试剂

试剂名称	规格（人份/盒）	方法	靶抗原	注册证号
HLA-B27 基因分型测定试剂盒（PCR-SSP 法）	12，24，48，96	分子生物学	HLA-B27 基因	国械注准 20173400934

迪瑞医疗科技股份有限公司

检测试剂

DIRUI 迪瑞

公司简介

迪瑞医疗科技股份有限公司1992年成立于中国长春，专注于体外诊断仪器及配套试剂领域，集研发、生产、营销、服务于一体，致力于成为实验室整体解决方案的全球服务商。现已建成5类不同产线产品的专业实验室以及1个专项技术实验室。产品涵盖“生化分析、尿液分析、尿有形成分分析、血细胞分析、化学发光免疫分析、妇科分泌物分析”等系列。迪瑞产品畅销国内各省市及全球100多个国家和地区，逐步在欧洲、亚洲、非洲、美洲建立了商业运营，形成了一个广阔的国际化市场销售网络。

公司网址：http：//www.dirui.com.cn/

联系电话：18844536501

产品目录

自身免疫性疾病检测试剂

试剂名称	规格	方法	注册证号
甲状腺球蛋白抗体测定试剂盒	1×100测试/盒	化学发光免疫分析法	吉械注准20162400230
甲状腺球蛋白抗体测定试剂盒	2×100测试/盒	化学发光免疫分析法	吉械注准20162400230
甲状腺球蛋白抗体测定试剂盒	4×100测试/盒	化学发光免疫分析法	吉械注准20162400230
甲状腺过氧化物酶抗体测定试剂盒	1×100测试/盒	化学发光免疫分析法	吉械注准20162400231
甲状腺过氧化物酶抗体测定试剂盒	2×100测试/盒	化学发光免疫分析法	吉械注准20162400231
甲状腺过氧化物酶抗体测定试剂盒	4×100测试/盒	化学发光免疫分析法	吉械注准20162400231

肿瘤免疫检测试剂

试剂名称	规格	方法	注册证号
总β人绒毛膜促性腺激素测定试剂盒	1×100测试/盒	化学发光免疫分析法	吉械注准20162400235
总β人绒毛膜促性腺激素测定试剂盒	2×100测试/盒	化学发光免疫分析法	吉械注准20162400235
总β人绒毛膜促性腺激素测定试剂盒	4×100测试/盒	化学发光免疫分析法	吉械注准20162400235
铁蛋白测定试剂盒	2×100测试/盒	化学发光免疫分析法	吉械注准20162400241
铁蛋白测定试剂盒	4×100测试/盒	化学发光免疫分析法	吉械注准20162400241
癌抗原15-3测定试剂盒	1×100测试/盒	化学发光免疫分析法	国械注准20173400418
癌抗原15-3测定试剂盒	2×100测试/盒	化学发光免疫分析法	国械注准20173400418
癌抗原15-3测定试剂盒	4×100测试/盒	化学发光免疫分析法	国械注准20173400418
癌抗原15-3测定试剂盒	1×200测试/盒	化学发光免疫分析法	国械注准20173400418
癌抗原15-3测定试剂盒	2×200测试/盒	化学发光免疫分析法	国械注准20173400418

续表

试剂名称	规格	方法	注册证号
癌抗原 15-3 测定试剂盒	1×100 测试 / 盒（不含校准品、质控品）	化学发光免疫分析法	国械注准 20173400418
癌抗原 15-3 测定试剂盒	2×100 测试 / 盒（不含校准品、质控品）	化学发光免疫分析法	国械注准 20173400418
癌抗原 15-3 测定试剂盒	4×100 测试 / 盒（不含校准品、质控品）	化学发光免疫分析法	国械注准 20173400418
癌抗原 15-3 测定试剂盒	1×200 测试 / 盒（不含校准品、质控品）	化学发光免疫分析法	国械注准 20173400418
癌抗原 15-3 测定试剂盒	2×200 测试 / 盒（不含校准品、质控品）	化学发光免疫分析法	国械注准 20173400418
糖类抗原 19-9 测定试剂盒	1×100 测试 / 盒	化学发光免疫分析法	国械注准 20173400421
糖类抗原 19-9 测定试剂盒	2×100 测试 / 盒	化学发光免疫分析法	国械注准 20173400421
糖类抗原 19-9 测定试剂盒	4×100 测试 / 盒	化学发光免疫分析法	国械注准 20173400421
糖类抗原 19-9 测定试剂盒	1×200 测试 / 盒	化学发光免疫分析法	国械注准 20173400421
糖类抗原 19-9 测定试剂盒	2×200 测试 / 盒	化学发光免疫分析法	国械注准 20173400421
糖类抗原 19-9 测定试剂盒	1×100 测试 / 盒（不含校准品、质控品）	化学发光免疫分析法	国械注准 20173400421
糖类抗原 19-9 测定试剂盒	2×100 测试 / 盒（不含校准品、质控品）	化学发光免疫分析法	国械注准 20173400421
糖类抗原 19-9 测定试剂盒	4×100 测试 / 盒（不含校准品、质控品）	化学发光免疫分析法	国械注准 20173400421
糖类抗原 19-9 测定试剂盒	1×200 测试 / 盒（不含校准品、质控品）	化学发光免疫分析法	国械注准 20173400421
糖类抗原 19-9 测定试剂盒	2×200 测试 / 盒（不含校准品、质控品）	化学发光免疫分析法	国械注准 20173400421
癌抗原 125 测定试剂盒	1×100 测试 / 盒	化学发光免疫分析法	国械注准 20173400420
癌抗原 125 测定试剂盒	2×100 测试 / 盒	化学发光免疫分析法	国械注准 20173400420
癌抗原 125 测定试剂盒	4×100 测试 / 盒	化学发光免疫分析法	国械注准 20173400420
癌抗原 125 测定试剂盒	1×200 测试 / 盒	化学发光免疫分析法	国械注准 20173400420
癌抗原 125 测定试剂盒	2×200 测试 / 盒	化学发光免疫分析法	国械注准 20173400420
癌抗原 125 测定试剂盒	1×100 测试 / 盒（不含校准品、质控品）	化学发光免疫分析法	国械注准 20173400420
癌抗原 125 测定试剂盒	2×100 测试 / 盒（不含校准品、质控品）	化学发光免疫分析法	国械注准 20173400420

续表

试剂名称	规格	方法	注册证号
癌抗原 125 测定试剂盒	4×100 测试 / 盒（不含校准品、质控品）	化学发光免疫分析法	国械注准 20173400420
癌抗原 125 测定试剂盒	1×200 测试 / 盒（不含校准品、质控品）	化学发光免疫分析法	国械注准 20173400420
癌抗原 125 测定试剂盒	2×200 测试 / 盒（不含校准品、质控品）	化学发光免疫分析法	国械注准 20173400420
癌胚抗原测定试剂盒	1×100 测试 / 盒	化学发光免疫分析法	国械注准 20173400423
癌胚抗原测定试剂盒	2×100 测试 / 盒	化学发光免疫分析法	国械注准 20173400423
癌胚抗原测定试剂盒	4×100 测试 / 盒	化学发光免疫分析法	国械注准 20173400423
癌胚抗原测定试剂盒	1×200 测试 / 盒	化学发光免疫分析法	国械注准 20173400423
癌胚抗原测定试剂盒	2×200 测试 / 盒	化学发光免疫分析法	国械注准 20173400423
癌胚抗原测定试剂盒	1×100 测试 / 盒（不含校准品、质控品）	化学发光免疫分析法	国械注准 20173400423
癌胚抗原测定试剂盒	2×100 测试 / 盒（不含校准品、质控品）	化学发光免疫分析法	国械注准 20173400423
癌胚抗原测定试剂盒	4×100 测试 / 盒（不含校准品、质控品）	化学发光免疫分析法	国械注准 20173400423
癌胚抗原测定试剂盒	1×200 测试 / 盒（不含校准品、质控品）	化学发光免疫分析法	国械注准 20173400423
癌胚抗原测定试剂盒	2×200 测试 / 盒（不含校准品、质控品）	化学发光免疫分析法	国械注准 20173400423
甲胎蛋白测定试剂盒	1×100 测试 / 盒	化学发光免疫分析法	国械注准 20173400419
甲胎蛋白测定试剂盒	2×100 测试 / 盒	化学发光免疫分析法	国械注准 20173400419
甲胎蛋白测定试剂盒	4×100 测试 / 盒	化学发光免疫分析法	国械注准 20173400419
甲胎蛋白测定试剂盒	1×200 测试 / 盒	化学发光免疫分析法	国械注准 20173400419
甲胎蛋白测定试剂盒	2×200 测试 / 盒	化学发光免疫分析法	国械注准 20173400419
甲胎蛋白测定试剂盒	1×100 测试 / 盒（不含校准品、质控品）	化学发光免疫分析法	国械注准 20173400419
甲胎蛋白测定试剂盒	2×100 测试 / 盒（不含校准品、质控品）	化学发光免疫分析法	国械注准 20173400419
甲胎蛋白测定试剂盒	4×100 测试 / 盒（不含校准品、质控品）	化学发光免疫分析法	国械注准 20173400419
甲胎蛋白测定试剂盒	1×200 测试 / 盒（不含校准品、质控品）	化学发光免疫分析法	国械注准 20173400419
甲胎蛋白测定试剂盒	2×200 测试 / 盒（不含校准品、质控品）	化学发光免疫分析法	国械注准 20173400419

续表

试剂名称	规格	方法	注册证号
游离前列腺特异性抗原测定试剂盒	1 × 100 测试 / 盒	化学发光免疫分析法	国械注准 20173400422
游离前列腺特异性抗原测定试剂盒	2 × 100 测试 / 盒	化学发光免疫分析法	国械注准 20173400422
游离前列腺特异性抗原测定试剂盒	4 × 100 测试 / 盒	化学发光免疫分析法	国械注准 20173400422
游离前列腺特异性抗原测定试剂盒	1 × 200 测试 / 盒	化学发光免疫分析法	国械注准 20173400422
游离前列腺特异性抗原测定试剂盒	2 × 200 测试 / 盒	化学发光免疫分析法	国械注准 20173400422
游离前列腺特异性抗原测定试剂盒	1 × 100 测试 / 盒（不含校准品、质控品）	化学发光免疫分析法	国械注准 20173400422
游离前列腺特异性抗原测定试剂盒	2 × 100 测试 / 盒（不含校准品、质控品）	化学发光免疫分析法	国械注准 20173400422
游离前列腺特异性抗原测定试剂盒	4 × 100 测试 / 盒（不含校准品、质控品）	化学发光免疫分析法	国械注准 20173400422
游离前列腺特异性抗原测定试剂盒	1 × 200 测试 / 盒（不含校准品、质控品）	化学发光免疫分析法	国械注准 20173400422
游离前列腺特异性抗原测定试剂盒	2 × 200 测试 / 盒（不含校准品、质控品）	化学发光免疫分析法	国械注准 20173400422
总前列腺特异性抗原测定试剂盒	1 × 100 测试 / 盒	化学发光免疫分析法	国械注准 20173400414
总前列腺特异性抗原测定试剂盒	2 × 100 测试 / 盒	化学发光免疫分析法	国械注准 20173400414
总前列腺特异性抗原测定试剂盒	4 × 100 测试 / 盒	化学发光免疫分析法	国械注准 20173400414
总前列腺特异性抗原测定试剂盒	1 × 200 测试 / 盒	化学发光免疫分析法	国械注准 20173400414
总前列腺特异性抗原测定试剂盒	2 × 200 测试 / 盒	化学发光免疫分析法	国械注准 20173400414
总前列腺特异性抗原测定试剂盒	1 × 100 测试 / 盒（不含校准品、质控品）	化学发光免疫分析法	国械注准 20173400414
总前列腺特异性抗原测定试剂盒	2 × 100 测试 / 盒（不含校准品、质控品）	化学发光免疫分析法	国械注准 20173400414
总前列腺特异性抗原测定试剂盒	4 × 100 测试 / 盒（不含校准品、质控品）	化学发光免疫分析法	国械注准 20173400414
总前列腺特异性抗原测定试剂盒	1 × 200 测试 / 盒（不含校准品、质控品）	化学发光免疫分析法	国械注准 20173400414
总前列腺特异性抗原测定试剂盒	2 × 200 测试 / 盒（不含校准品、质控品）	化学发光免疫分析法	国械注准 20173400414

感染免疫检测试剂

试剂名称	规格	方法	注册证号
乙型肝炎病毒 e 抗体检测试剂盒	2×100 测试 / 盒	化学发光免疫分析法	国械注准 20173400409
乙型肝炎病毒 e 抗体检测试剂盒	4×100 测试 / 盒	化学发光免疫分析法	国械注准 20173400409
乙型肝炎病毒 e 抗体检测试剂盒	1×200 测试 / 盒	化学发光免疫分析法	国械注准 20173400409
乙型肝炎病毒 e 抗体检测试剂盒	2×200 测试 / 盒	化学发光免疫分析法	国械注准 20173400409
乙型肝炎病毒 e 抗体检测试剂盒	1×100 测试 / 盒（不含校准品、质控品）	化学发光免疫分析法	国械注准 20173400409
乙型肝炎病毒 e 抗体检测试剂盒	2×100 测试 / 盒（不含校准品、质控品）	化学发光免疫分析法	国械注准 20173400409
乙型肝炎病毒 e 抗体检测试剂盒	4×100 测试 / 盒（不含校准品、质控品）	化学发光免疫分析法	国械注准 20173400409
乙型肝炎病毒 e 抗体检测试剂盒	1×200 测试 / 盒（不含校准品、质控品）	化学发光免疫分析法	国械注准 20173400409
乙型肝炎病毒 e 抗体检测试剂盒	2×200 测试 / 盒（不含校准品、质控品）	化学发光免疫分析法	国械注准 20173400409
乙型肝炎病毒 e 抗原检测试剂盒	1×100 测试 / 盒	化学发光免疫分析法	国械注准 20173400410
乙型肝炎病毒 e 抗原检测试剂盒	2×100 测试 / 盒	化学发光免疫分析法	国械注准 20173400410
乙型肝炎病毒 e 抗原检测试剂盒	4×100 测试 / 盒	化学发光免疫分析法	国械注准 20173400410
乙型肝炎病毒 e 抗原检测试剂盒	1×200 测试 / 盒	化学发光免疫分析法	国械注准 20173400410
乙型肝炎病毒 e 抗原检测试剂盒	2×200 测试 / 盒	化学发光免疫分析法	国械注准 20173400410
乙型肝炎病毒 e 抗原检测试剂盒	1×100 测试 / 盒（不含校准品、质控品）	化学发光免疫分析法	国械注准 20173400410
乙型肝炎病毒 e 抗原检测试剂盒	2×100 测试 / 盒（不含校准品、质控品）	化学发光免疫分析法	国械注准 20173400410
乙型肝炎病毒 e 抗原检测试剂盒	4×100 测试 / 盒（不含校准品、质控品）	化学发光免疫分析法	国械注准 20173400410
乙型肝炎病毒 e 抗原检测试剂盒	1×200 测试 / 盒（不含校准品、质控品）	化学发光免疫分析法	国械注准 20173400410
乙型肝炎病毒 e 抗原检测试剂盒	2×200 测试 / 盒（不含校准品、质控品）	化学发光免疫分析法	国械注准 20173400410
乙型肝炎病毒表面抗体测定试剂盒	1×100 测试 / 盒	化学发光免疫分析法	国械注准 20173400412
乙型肝炎病毒表面抗体测定试剂盒	2×100 测试 / 盒	化学发光免疫分析法	国械注准 20173400412
乙型肝炎病毒表面抗体测定试剂盒	4×100 测试 / 盒	化学发光免疫分析法	国械注准 20173400412
乙型肝炎病毒表面抗体测定试剂盒	1×200 测试 / 盒	化学发光免疫分析法	国械注准 20173400412
乙型肝炎病毒表面抗体测定试剂盒	2×200 测试 / 盒	化学发光免疫分析法	国械注准 20173400412

续表

试剂名称	规格	方法	注册证号
乙型肝炎病毒表面抗体测定试剂盒	1×100 测试 / 盒（不含校准品、质控品）	化学发光免疫分析法	国械注准 20173400412
乙型肝炎病毒表面抗体测定试剂盒	2×100 测试 / 盒（不含校准品、质控品）		国械注准 20173400412
乙型肝炎病毒表面抗体测定试剂盒	4×100 测试 / 盒（不含校准品、质控品）	化学发光免疫分析法	国械注准 20173400412
乙型肝炎病毒表面抗体测定试剂盒	1×200 测试 / 盒（不含校准品、质控品）	化学发光免疫分析法	国械注准 20173400412
乙型肝炎病毒表面抗体测定试剂盒	2×200 测试 / 盒（不含校准品、质控品）	化学发光免疫分析法	国械注准 20173400412
乙型肝炎病毒表面抗原测定试剂盒	1×100 测试 / 盒	化学发光免疫分析法	国械注准 20173400408
乙型肝炎病毒表面抗原测定试剂盒	2×100 测试 / 盒	化学发光免疫分析法	国械注准 20173400408
乙型肝炎病毒表面抗原测定试剂盒	4×100 测试 / 盒	化学发光免疫分析法	国械注准 20173400408
乙型肝炎病毒表面抗原测定试剂盒	1×200 测试 / 盒	化学发光免疫分析法	国械注准 20173400408
乙型肝炎病毒表面抗原测定试剂盒	2×200 测试 / 盒	化学发光免疫分析法	国械注准 20173400408
乙型肝炎病毒表面抗原测定试剂盒	1×100 测试 / 盒（不含校准品、质控品）	化学发光免疫分析法	国械注准 20173400408
乙型肝炎病毒表面抗原测定试剂盒	2×100 测试 / 盒（不含校准品、质控品）	化学发光免疫分析法	国械注准 20173400408
乙型肝炎病毒表面抗原测定试剂盒	4×100 测试 / 盒（不含校准品、质控品）	化学发光免疫分析法	国械注准 20173400408
乙型肝炎病毒表面抗原测定试剂盒	1×200 测试 / 盒（不含校准品、质控品）	化学发光免疫分析法	国械注准 20173400408
乙型肝炎病毒表面抗原测定试剂盒	2×200 测试 / 盒（不含校准品、质控品）	化学发光免疫分析法	国械注准 20173400408
丙型肝炎病毒抗体检测试剂盒	1×100 测试 / 盒	化学发光免疫分析法	国械注准 20173400416
丙型肝炎病毒抗体检测试剂盒	2×100 测试 / 盒	化学发光免疫分析法	国械注准 20173400416
丙型肝炎病毒抗体检测试剂盒	4×100 测试 / 盒	化学发光免疫分析法	国械注准 20173400416
丙型肝炎病毒抗体检测试剂盒	1×200 测试 / 盒	化学发光免疫分析法	国械注准 20173400416
丙型肝炎病毒抗体检测试剂盒	2×200 测试 / 盒	化学发光免疫分析法	国械注准 20173400416
丙型肝炎病毒抗体检测试剂盒	1×100 测试 / 盒（不含校准品、质控品）	化学发光免疫分析法	国械注准 20173400416
丙型肝炎病毒抗体检测试剂盒	2×100 测试 / 盒（不含校准品、质控品）	化学发光免疫分析法	国械注准 20173400416
丙型肝炎病毒抗体检测试剂盒	4×100 测试 / 盒（不含校准品、质控品）	化学发光免疫分析法	国械注准 20173400416

续表

试剂名称	规格	方法	注册证号
丙型肝炎病毒抗体检测试剂盒	1×200 测试 / 盒（不含校准品、质控品）	化学发光免疫分析法	国械注准 20173400416
丙型肝炎病毒抗体检测试剂盒	2×200 测试 / 盒（不含校准品、质控品）	化学发光免疫分析法	国械注准 20173400416
乙型肝炎病毒核心抗体检测试剂盒	1×100 测试 / 盒	化学发光免疫分析法	国械注准 20173400411
乙型肝炎病毒核心抗体检测试剂盒	2×100 测试 / 盒	化学发光免疫分析法	国械注准 20173400411
乙型肝炎病毒核心抗体检测试剂盒	4×100 测试 / 盒	化学发光免疫分析法	国械注准 20173400411
乙型肝炎病毒核心抗体检测试剂盒	1×200 测试 / 盒	化学发光免疫分析法	国械注准 20173400411
乙型肝炎病毒核心抗体检测试剂盒	2×200 测试 / 盒	化学发光免疫分析法	国械注准 20173400411
乙型肝炎病毒核心抗体检测试剂盒	1×100 测试 / 盒（不含校准品、质控品）	化学发光免疫分析法	国械注准 20173400411
乙型肝炎病毒核心抗体检测试剂盒	2×100 测试 / 盒（不含校准品、质控品）	化学发光免疫分析法	国械注准 20173400411
乙型肝炎病毒核心抗体检测试剂盒	4×100 测试 / 盒（不含校准品、质控品）	化学发光免疫分析法	国械注准 20173400411
乙型肝炎病毒核心抗体检测试剂盒	1×200 测试 / 盒（不含校准品、质控品）	化学发光免疫分析法	国械注准 20173400411
乙型肝炎病毒核心抗体检测试剂盒	2×200 测试 / 盒（不含校准品、质控品）	化学发光免疫分析法	国械注准 20173400411

光景生物科技（苏州）有限公司

检测试剂

Lumigenex
光景生物

公司简介

光景生物科技（苏州）有限公司（简称“光景”）由“国家千人计划专家”何爱民博士于2010年2月创办，是一家专业从事以功能化纳米材料为基础的体外诊断产品研发、生产、销售的高科技生物公司。

光景自主开发研制的时间分辨荧光免疫分析仪及其配套即时诊断（POCT）试剂在产品灵敏度、准确度等方面较市场现有产品有所提升，可用于心血管疾病、妇女健康、感染控制、肿瘤筛查、药物滥用及食品安全等多领域。

光景自成立以来，获得“国家高新技术企业”“苏州市技术领先型服务企业”等多项称号，主持并参与“国家‘十二五’重大科技专项”“国家‘十三五’重大科技专项”江苏省科技厅重大科技成果转化”“国家创新基金”等项目。

公司网址：http：//www.lumigenex.com

联系电话：0512-80988088

产品目录

非特异性免疫检测试剂

试剂名称	规格（人份）	方法	靶抗原	注册证号
C-反应蛋白检测试剂盒（乳胶增强免疫透射比浊法）	40毫升/盒 320毫升/盒	乳胶增强免疫透射比浊法	C-反应蛋白	苏械注准20152401227
超敏C-反应蛋白检测试剂盒（乳胶增强免疫透射比浊法）	75毫升/盒 300毫升/盒	乳胶增强免疫透射比浊法	C-反应蛋白	苏械注准20152401122
中性粒细胞明胶酶相关脂质运载蛋白检测试剂盒（乳胶增强免疫透射比浊法）	80毫升/盒 320毫升/盒	乳胶增强免疫透射比浊法	中性粒细胞明胶酶相关脂质运载蛋白	苏械注准20152401123
C反应蛋白（CRP）检测试剂盒（时间分辨荧光免疫层析法）	20人份/盒 50人份/盒	时间分辨荧光免疫层析法	C反应蛋白	苏械注准20152400859
D-二聚体（D-Dimer）检测试剂盒（时间分辨荧光免疫层析法）	20人份/盒 50人份/盒	时间分辨荧光免疫层析法	纤维蛋白降解产物D、特异性的纤溶降解过程标记物	苏械注准20152400862
降钙素原（PCT）检测试剂盒（时间分辨荧光免疫层析法）	20人份/盒 50人份/盒	时间分辨荧光免疫层析法	降钙素原	苏械注准20152400860
β2-微球蛋白检测试剂盒（胶乳增强免疫透射比浊法）	75毫升/盒 300毫升/盒	胶乳增强免疫透射比浊法	β2-微球蛋白	苏械注准20182400687
β2-微球蛋白测定	96	TRFIA	β2-MG	粤20162400436

广州市丰华生物工程有限公司

检测试剂

公司简介

广州市丰华生物工程有限公司（以下简称“丰华生物”）于1999年成立于广州，是一家专门从事临床检验仪器及配套试剂研发、生产与销售的高新技术企业。公司经过近20年的发展积累，目前已经形成现代化检验仪器和诊断试剂生产基地，产品涉及新生儿疾病筛查、产前筛查、感染性疾病类检测、优生优育类检测、甲状腺功能类检测、性激素类检测、糖尿病类检测和肾功能类检测等，并成为亚太地区最大的预防出生缺陷检验仪器和配套试剂生产基地，同时也是国家出生缺陷体外诊断系统高技术产业化示范工程基地。丰华生物作为国内唯一一家以预防出生缺陷为主营业务的生产企业，以时间分辨荧光免疫分析技术和高效液相串联质谱技术为技术平台，形成完整的预防出生缺陷体外诊断系统解决方案。目前，丰华生物的产品和服务已覆盖全国20余个省、自治区和直辖市。

公司网址：www.bio-fenghua.com/

联系电话：020-82099258

产品目录

非特异性免疫检测试剂

试剂名称	规格（人份）	方法	靶抗原	注册证号
白蛋白测定	96	TRFIA	ALB	粤20162400435
β2微球蛋白测定	96	TRFIA	β2-MG	粤20162400436

自身免疫性疾病检测试剂

试剂名称	规格（人份）	方法	靶抗原	注册证号
甲状腺球蛋白抗体测定	96	TRFIA	TG	粤20182400175
甲状腺过氧化酶抗体测定	96	TRFIA	TPO	粤20182400176

肿瘤免疫检测试剂

试剂名称	规格（人份）	方法	靶抗原	注册证号
甲胎蛋白测定	96	TRFIA	AFP	粤20162400431
绒毛膜促性腺激素测定	96	TRFIA	hCG	粤20162400432
妊娠相关血浆蛋白A测定	96	TRFIA	PAPP-A	粤20182400315

感染免疫检测试剂

试剂名称	规格（人份）	方法	靶抗原	注册证号
乙型肝炎病毒表面抗原测定	96	TRFIA	HBsAg	国 20143402228
乙型肝炎病毒表面抗体测定	96	TRFIA	HBsAg	国 20143402227
乙型肝炎病毒 e 抗原测定	96	TRFIA	HBeAg	国 20173400287
乙型肝炎病毒 e 抗体测定	96	TRFIA	HBeAg	国 20173400281
乙型肝炎病毒核心抗体测定	96	TRFIA	HBcAg	国 20173400288
乙型肝炎病毒前 S1 抗原检测	96	TRFIA	PreS1Ag	国 20173400279
乙型肝炎病毒 e 抗原检测	96	TRFIA	HBeAg	国 20173401116
乙型肝炎病毒 e 抗体检测	96	TRFIA	HBeAg	国 20173401114
乙型肝炎病毒核心抗体检测	96	TRFIA	HBcAg	国 20173401115
乙型肝炎病毒核心抗体 IgM 检测	96	TRFIA	HBcAg	国 20153400435
丙型肝炎病毒抗体检测	96	TRFIA	HCV	国 20173400270
梅毒螺旋体抗体测定	96	TRFIA	TP	国 20143402217
人类免疫缺陷病毒 1+2 型抗体测定	96	TRFIA	HIV-1+2	国 20143402216
人类免疫缺陷病毒 1 型 p24 抗原测定	96	TRFIA	HIV-1p24	国 20143402218
人类免疫缺陷病毒抗原（p24）和抗体测定	96	TRFIA	HIV-1p24，HIV-1+2	国 20143402215
结核感染 T 细胞检测	28,84	IGRAs，TRFIA	IFN- γ	国 20173400970
弓形虫 IgG 抗体测定	96	TRFIA	TOX	国 20173401121
弓形虫 IgM 抗体测定	96	TRFIA	TOX	国 20173401134
风疹病毒 IgG 抗体测定	96	TRFIA	RV	国 20173401120
风疹病毒 IgM 抗体测定	96	TRFIA	RV	国 20173401125
巨细胞病毒 IgG 抗体测定	96	TRFIA	CMV	国 20173401123
巨细胞病毒 IgM 抗体测定	96	TRFIA	CMV	国 20173401122
单纯疱疹病毒 2 型 IgG 抗体测定	96	TRFIA	HSV-2	国 20173401118
单纯疱疹病毒 2 型 IgM 抗体测定	96	TRFIA	HSV-2	国 20173401124

广州市康润生物制品开发有限公司

检测试剂

公司简介

广州市康润生物制品开发有限公司 1994 年成立于广州，一直以来专注于免疫诊断试剂的研发、生产、销售和服务，涉及领域包括感染、生殖内分泌和自身免疫检测。公司在广州建立了现代化的产品中心，致力于免疫诊断产品的研发和生产；在杭州、武汉和北京设立区域营销中心，为全国 5000 多家医学检验单位提供销售和技术服务。

公司网址：http：//www.kangrun.com.cn/

联系电话：020-28662744

产品目录

自身免疫性疾病检测试剂

试剂名称	规格（人份）	方法	靶抗原	注册证号
抗核抗体检测试剂盒	120/600	IIFT	Hep-2 细胞	国食药监械（进）字 2014 第 2404315 号
抗核抗体检测试剂盒	96	ELISA	dsDNA、组蛋白、Sm、Sm/RNP、Ro、La、Scl-70、Jo-1、着丝粒等	国械注进 20172401727
抗核抗体检测试剂盒	96	ELISA	dsDNA、组蛋白、Sm、Sm/RNP、Ro、La、Scl-70、Jo-1、PM-Scl、着丝粒等	国械注进 20172400739
抗核抗体谱（ANA）检测试剂盒	24	BLOT	dsDNA、Nucleosome、Histone、Sm D1、PCNA、Rib-P0、SS-A/Ro 60KDa、SS-A/Ro 52KDa、SS-B/La、CENP-B、Scl-70、U1-snRNP、AMA M2、Jo-1、Pm-Scl、Mi-2 和 Ku	粤食药监械（准）字 2014 第 2401299 号
抗 ENA 抗体检测试剂盒	96	ELISA	Sm、RNP、Ro、La、Scl-70 和 Jo-1	国械注进 20172401725
抗双链 DNA 抗体 IgG 检测试剂盒	100	IIFT	绿蝇短膜虫（nDNA）	国械注进 20152400572
双链脱氧核糖核酸抗体检测试剂盒	96	ELISA	重组 dsDNA	国械注进 20172400730
抗双链脱氧核糖核酸抗体检测试剂盒	96	ELISA	重组 dsDNA	国械注进 20172406704
双链脱氧核糖核酸 IgG 抗体检测试剂盒	96	ELISA	纯化 dsDNA	国械注进 20152400318
核小体抗体检测试剂盒	96	ELISA	核小体	国械注进 20152400316
抗组蛋白抗体检测试剂盒	96	ELISA	组蛋白	国械注进 20172401721
α- 胞衬蛋白 IgA 抗体检测试剂盒	96	ELISA	α 胞衬蛋白	国械注进 20152400319

续表

试剂名称	规格（人份）	方法	靶抗原	注册证号
髓过氧化物酶抗体检测试剂盒	96	ELISA	髓过氧化物酶（MPO）	国械注进 20152400320
蛋白酶 3 抗体检测试剂盒	96	ELISA	蛋白酶 3（PR3）	国械注进 20152400321
自身免疫性血管炎抗体谱检测试剂盒	24	BLOT	髓过氧化物酶（MPO）、蛋白酶 3（PR3）、肾小球基底膜（GBM）	粤食药监械（准）字 2014 第 2401295 号
抗中性粒细胞胞浆抗体（乙醇）检测试剂盒	120	IIFT	人中性粒细胞	国食药监械（进）字 2014 第 2403034 号
抗中性粒细胞胞浆抗体（甲醛）检测试剂盒	120	IIFT	人中性粒细胞	国食药监械（进）字 2014 第 2403033 号
β2 糖蛋白Ⅰ IgG/IgM 抗体检测试剂盒	96	ELISA	人 β2 糖蛋白Ⅰ	国械注进 20172400749
β2 糖蛋白Ⅰ抗体检测试剂盒	96	ELISA	人 β2 糖蛋白Ⅰ	国械注进 20172400727
β2 糖蛋白Ⅰ IgA 抗体检测试剂盒	96	ELISA	人 β2 糖蛋白Ⅰ	国械注进 20172400747
心磷脂抗体检测试剂盒	96	ELISA	心磷脂 + 人 β2 糖蛋白Ⅰ	国械注进 20172400722
心磷脂 IgA 抗体检测试剂盒	96	ELISA	心磷脂 + 人 β2 糖蛋白Ⅰ	国械注进 20172400748
心磷脂抗体检测试剂盒	96	ELISA	心磷脂 + 人 β2 糖蛋白Ⅰ	国械注进 20152400317
抗磷脂抗体检测试剂盒	96	ELISA	牛心磷脂，+β2 糖蛋白Ⅰ（β2GPI），磷脂酰丝氨酸，磷脂酰肌醇，磷脂酰乙醇胺，磷脂酰胆碱，以及鞘磷脂	国械注进 20172400743
凝血素抗体检测试剂盒	96	ELISA	凝血素	国械注进 20172400025
环瓜氨酸肽抗体检测试剂盒	96	ELISA	瓜氨酸肽（RA/CP）	国械注进 20152400314
类风湿因子抗体检测试剂盒	96	ELISA	类风湿因子	国械注进 20152400315
自身免疫性肝病抗体谱检测试剂盒	24	BLOT	AMA M2、Sp100、LKM1、gp210、LC1 和 SLA	粤食药监械（准）字 2014 第 2401296 号
组织细胞自身抗体谱 IgG 检测试剂盒	100	IIFT	大鼠肝肾胃切片	国械注进 20152400573
线粒体 IgG 抗体检测试剂盒	96	ELISA	天然线粒体 M2	国械注进 20152401558
胃肠疾病抗体谱检测试剂盒	24	BLOT	麦胶蛋白、tTG 抗原、酿酒酵母甘露聚糖、猪胃黏膜 H+/K+ ATP 酶（胃壁细胞抗原）和内因子	粤食药监械（准）字 2014 第 2401298 号

感染免疫检测试剂

试剂名称	规格（人份）	方法	包被	注册证号
抗弓形虫抗体 IgM	96	ELISA	纯化弓形虫抗原	国械注进 20173400717
抗弓形虫抗体 IgG	96	ELISA	灭活的弓形虫抗原	国械注进 20173406248
抗风疹病毒抗体 IgM	96	ELISA	纯化风疹病毒抗原	国械注进 20173406249

续表

试剂名称	规格（人份）	方法	包被	注册证号
抗风疹病毒抗体 IgG	96	ELISA	灭活的风疹病毒抗原	国械注进 20173406250
抗巨细胞病毒抗体 IgM	96	ELISA	纯化巨细胞病毒抗原	国械注进 20173406245
抗巨细胞病毒抗体 IgG	96	ELISA	灭活的巨细胞病毒抗原	国械注进 20173406246
抗单纯疱疹病毒 1 型抗体 IgM	96	ELISA	纯化 HSV1 抗原	国械注进 20173400987
抗单纯疱疹病毒 1 型特异性抗体 IgG	96	ELISA	纯化重组 HSV gG1 蛋白	国械注进 20173400974
抗单纯疱疹病毒 2 型抗体 IgM	96	ELISA	纯化 HSV2 抗原	国械注进 20173400975
抗单纯疱疹病毒 2 型特异性抗体 IgG	96	ELISA	纯化重组 HSVgG2 蛋白	国械注进 20173400985
抗 EB 病毒壳抗原抗体 IgM	96	ELISA	亲和纯化的 EB 病毒壳抗原（gp125）	国械注进 20173406856
抗 EB 病毒壳抗原抗体 IgG	96	ELISA	纯化的 VCA 重组抗原	国械注进 20173406861
抗 EB 病毒核抗原抗体 IgG	96	ELISA	EBNA-1 重组抗原	国械注进 20173406857
抗 EB 病毒早期抗原抗体 IgG	96	ELISA	EA-D 病毒重组抗原	国械注进 20173406850
抗 EB 病毒衣壳抗原抗体 IgA	96	ELISA	特异性抗原	国食药监械（进）字 2014 第 3403748 号
抗 EB 病毒早期抗原抗体 IgA	96	ELISA	特异性抗原	国食药监械（进）字 2014 第 3403747 号
肺炎军团菌抗体 IgG/IgM	96	ELISA	军团菌抗原	粤食药监械（准）字 2014 第 2401298 号
抗麻疹病毒抗体 IgM	96	ELISA	纯化的麻疹病毒抗原	国械注进 20173400724

其他检测试剂

试剂名称	规格（人份）	方法	包被	注册证号
抗缪勒氏管激素*（AMH）定量检测试剂盒	96	ELISA	抗人 AMH 单克隆抗体	粤械注准 20152400923

* 即“抗缪勒管激素”

贵州普洛迈德生物工程有限公司

PROMADE 普洛迈德

检测试剂

公司简介

贵州普洛迈德生物工程有限公司为贵州省大健康产业和贵阳国家高新区重点项目，也是贵州省首家临床化学诊断产品制造企业。

公司位于贵阳国家高新区沙文生态科技园，是一家专业从事生物医药体外诊断产品、临床检验分析仪器等的研发、制造和销售的高新技术企业。公司引入德国先进的诊断产品工艺技术，建立了国内领先的临床化学产品技术平台，目前在上海、天津等均设有研发基地。公司已研制完成的产品主要覆盖临床生物化学、发光免疫、血药浓度监测、快速诊断、检测仪器等领域，应用于临床心脑血管疾病、肝胆疾病、肾疾病、糖尿病及其他各类炎症诊断，在研产品有肿瘤标志物产品、分子诊断产品。

公司已通过 IS013485 医疗器械质量体系认证和贵州省药监局医疗器械生产质量管理规范（GMP）认证，多项优势产品获得 CE 认证，荣获“全国诚信示范企业”和“质量、服务、诚信 AAA 企业”，并获得多项专利，产品入选首批《贵州特色工业产品创新目录》。

公司网址：http：//www.prmd.com.cn

联系电话：4008518700，0851-88408398，0851-88408699

产品目录

非特异性免疫检测试剂

试剂名称	规格（人份）		人份	方法	注册证号
抗链球菌溶血素“O”测定试剂盒	R1：60ml×2	R2：15ml×2	≥4 人份 / 毫升	胶乳免疫比浊法	黔械注准 20162400036
	R1：60ml×3	R2：45ml×1			
	R1：60ml×3	R2：16ml×3			
	R1：45ml×4	R2：45ml×1			
	R1：40ml×1	R2：10ml×1			
类风湿因子测定试剂盒	R1：60ml×2	R2：15ml×2	≥4 人份 / 毫升	胶乳免疫比浊法	黔械注准 20162400049
	R1：60ml×3	R2：45ml×1			
	R1：60ml×3	R2：16ml×3			
	R1：45ml×4	R2：45ml×1			
	R1：40ml×1	R2：10ml×1			
全量程 C- 反应蛋白测定试剂盒	R1：60ml×2	R2：15ml×2	≥4 人份 / 毫升	胶乳免疫比浊法	黔械注准 20162400067
	R1：60ml×3	R2：45ml×1			
	R1：60ml×3	R2：16ml×3			
	R1：45ml×4	R2：45ml×1			
	R1：40ml×1	R2：10ml×1			
降钙素原测定试剂盒	R1：45ml×2	R2：16ml×2	≥4 人份 / 毫升	胶乳免疫比浊法	黔械注准 20162400035
	R1：45ml×3	R2：16ml×3			
	R1：60ml×3	R2：60ml×1			
	R1：45ml×3	R2：45ml×1			
	R1：45ml×1	R2：15ml×1			

续表

试剂名称	规格（人份）	人份	方法	注册证号
血清淀粉样蛋白 A 测定试剂盒	R1：60ml×2　R2：15ml×2 R1：60ml×3　R2：45ml×1 R1：60ml×3　R2：16ml×3 R1：45ml×4　R2：45ml×1 R1：40ml×1　R2：10ml×1	≥ 4 人份 / 毫升	胶乳免疫比浊法	黔械注准 20162400072
D- 二聚体测定试剂盒	R1：45ml×2　R2：16ml×2 R1：45ml×3　R2：16ml×3 R1：60ml×3　R2：60ml×1 R1：45ml×3　R2：45ml×1 R1：45ml×1　R2：15ml×1	≥ 4 人份 / 毫升	胶乳免疫比浊法	黔械注准 20162400046
中性粒细胞明胶酶相关脂质运载蛋白测定试剂盒	R1：45ml×2　R2：16ml×2 R1：45ml×3　R2：16ml×3 R1：60ml×3　R2：60ml×1 R1：45ml×3　R2：45ml×1 R1：45ml×1　R2：15ml×1	≥ 4 人份 / 毫升	胶乳免疫比浊法	黔械注准 20162400057
β2- 微球蛋白测定试剂盒	R1：60ml×2　R2：15ml×2 R1：60ml×3　R2：45ml×1 R1：60ml×3　R2：16ml×3 R1：45ml×4　R2：45ml×1 R1：40ml×1　R2：10ml×1	≥ 4 人份 / 毫升	胶乳免疫比浊法	黔械注准 20162400060

自身免疫性疾病检测试剂

试剂名称	规格（人份）	人份	方法	注册证号
抗环瓜氨酸肽抗体测定试剂盒	R1：45ml×2　R2：16ml×2 R1：45ml×3　R2：16ml×3 R1：60ml×3　R2：60ml×1 R1：45ml×3　R2：45ml×1 R1：45ml×1　R2：15ml×1	≥ 4 人份 / 毫升	胶乳免疫比浊法	黔械注准 20162400061

胡曼诊断产品（北京）有限公司

检测试剂

Human
Diagnostics Worldwide

公司简介

胡曼诊断产品（北京）有限公司（HUMAN）总部位于北京，是德国胡曼生化诊断有限责任公司在华地区的第一家子公司。德国胡曼创建于1972年，是全球最先提供自身抗体诊断产品的企业，拥有26年抗原抗体研究积累，是全球范围内第一家液体生化试剂供应商，为众多国际品牌提供大包装原料或代工。

经过40多年的耕耘，胡曼与全球163个国家和地区建立了商业往来，并与欧洲、亚洲许多大学建立了科研合作关系。2006年，IMTEC成功加入HUMAN公司旗下，成为其自身免疫性疾病诊断产品线的子品牌，2016年，德国胡曼在中国建立子公司，进入中国市场，将属于德国胡曼的理念引进中国，希望能为国内的医疗健康行业贡献自己的力量。针对不同类型的自身免疫性疾病，胡曼提供了6类LIA产品及61个ELISA产品，以满足您诊断实验室的需求。

公司网址：http：//www.human-china.com/；http：//www.human.de/

联系电话：010-63579937

产品目录

自身免疫性疾病检测试剂

试剂名称	规格（人份）	方法	靶抗原	注册证号
抗核抗体谱IgG 17项	24	LIA	dsDNA，核小体，组蛋白，SmD1，PCNA，P0，SS-A/Ro60，SS-A/Ro52，SS-B/La，着丝点蛋白B，Scl 70，U1-snRNP，线粒体M2，Jo-1，PM-Scl100，Mi-2，Ku70/80	国械注进20162404430
抗核抗体谱IgG 12项	24	LIA	dsDNA，核小体，组蛋白，SmD1，U1-snRNP，SS-A/Ro60，SS-A/Ro52，SS-B/La，Scl 70，着丝点蛋白B，Jo-1，P0	国械注进20162404430
抗核抗体谱IgG 6项	24	LIA	SmD1，U1-snRNP，SS-A/Ro60，SS-B/La，Scl 70，Jo-1	国械注进20162404430
抗核抗体定量检测IgG/A/M	96	ELISA	HeLa细胞核，dsDNA，核小体，组蛋白，SS-A/Ro，SS-B/La，着丝点蛋白B，Jo-1	国械注进20142405393
史密斯抗体测定IgG	96	ELISA	SmD1-肽段	国械注进20162404436
抗双链DNA抗体测定IgG	96	ELISA	dsDNA	国械注进20162404434
蛋白酶3抗体测定IgG	96	ELISA	PR3	国械注进20162404427
髓过氧化物酶抗体测定IgG	96	ELISA	MPO	国械注进20162404426
血管炎自身抗体检测IgG	24	LIA	PR3，MPO，GBM	国械注进20142405391
心磷脂抗体IgG/A/M	96	ELISA	心磷脂+β2糖蛋白1辅因子	国械注进20152401572
心磷脂抗体测定IgG/M	96	ELISA	心磷脂+β2糖蛋白1辅因子	国械注进20162404428

续表

试剂名称	规格（人份）	方法	靶抗原	注册证号
心磷脂抗体测定 IgG	96	ELISA	心磷脂 +β2 糖蛋白 1 辅因子	国械注进 20162404428
心磷脂抗体测定 IgM	96	ELISA	心磷脂 +β2 糖蛋白 1 辅因子	国械注进 20162404428
β2- 糖蛋白 1 抗体 IgG/A/M	96	ELISA	β2 糖蛋白 1	国械注进 20152401567
β2- 糖蛋白 1 抗体 IgM	96	ELISA	β2 糖蛋白 1	国械注进 20152401569
β2- 糖蛋白 1 抗体 IgG	96	ELISA	β2 糖蛋白 1	国械注进 20152401571
抗 RA33 抗体定量检测 IgG	96	ELISA	RA33	国械注进 20142405392
类风湿因子抗体 IgG/A/M 测定试剂盒	96	ELISA	抗兔 IgG	国械注进 20152401568
类风湿因子抗体 IgG	96	ELISA	抗兔 IgG	国械注进 20152401566
类风湿因子抗体 IgM	96	ELISA	抗兔 IgG	国械注进 20152401570
自身免疫肌炎谱测定 IgG	24	LIA	Jo-1，Mi-2，PM-Scl100，U1-snRNA，Ku 70/80	国械注进 20162404663
自身免疫肝病抗体检测 IgG	24	LIA	AMA M2，Sp100，LKM-1，gp210，LC-1，SLA	国械注进 20152401082
抗 C1q 抗体测定 IgG	96	ELISA	C1q	国械注进 20162404433

华瑞同康生物技术（深圳）有限公司

SSTKBIO 华瑞同康 观未见 知未明

检测试剂

公司简介

华瑞同康生物技术（深圳）有限公司成立于 2002 年，是一家承载了瑞典医学理念的创新型生物科技公司。公司以体可问®——TK1（胸苷激酶 1）为技术核心，致力于细胞增殖动力学研究及肿瘤早期风险评估技术及平台的开发和搭建，并与国际领先科研机构合作，实现重大尖端科研成果的产业化转换。

华瑞同康拥有多项生物技术的国际 / 国内发明专利，两套 SFDA 产品注册证及三类医疗器械生产企业资质，在中国和瑞典建立 IgY 特种抗体生产基地，并通过了医疗器械 GMP 认证和 ISO13485 国际公认的质量管理体系认证。

公司网址：http：//www.sstkbiotech.com/

联系电话：0755-33640228

产品目录

肿瘤免疫检测试剂

试剂名称	规格（人份）	方法	靶抗原	注册证号
胸苷激酶 1（TK1）细胞周期分析（体可问®）	24，48，96	酶免疫点印迹化学发光法	胸苷激酶 1（TK1）	粤械注准 20172400488

江苏浩欧博生物医药股份有限公司 HOB®浩欧博

检测试剂

公司简介

江苏浩欧博生物医药股份有限公司于2007年成立于北京。公司在中国、美国建立了先进的产品研发和生产基地，专业技术团队遍及中国各省市、美国和欧洲各地区。江苏浩欧博生物医药股份有限公司的产品与技术主要涉及自身免疫性疾病和变态反应性疾病等相关疾病诊断。

公司网址：http：//www.hob-biotech.com

联系电话：0512-69561996

产品目录

自身免疫性疾病检测试剂

试剂名称	规格（人份）	方法	靶抗原	注册证号
抗核抗体谱IgG	16	LIA	nRNPSm，Sm，SSA60kd，SSA52kd，SSBLa，Scl-70，PM-Scl，Jo-1，CENP B，PCNA，dsDNA，核小体，蛋白，P0，AMA-M2	苏械注准20172401032
抗核抗体谱IgG	16，10	IFA	抗核抗体	苏食药监械（准）字2014第2401025号
抗核抗体谱IgG	96	ELISA	nRNP/Sm，Sm，SS-A，SS-B，Scl-70，Jo-1，dsDNA，组蛋白，着丝点以及其他从Hep-2提取的核抗原	苏械注准20162401357
抗nRNP/Sm抗体IgG	100	CLIA	nRNP/Sm	苏械注准20152400734
抗Sm抗体IgG	100	CLIA	Sm	苏械注准20152400734
抗SS-A抗体IgG	100	CLIA	SS-A（Ro）	苏械注准20152400734
抗SS-B/La抗体IgG	100	CLIA	SS-B（La）	苏械注准20152400734
抗Scl-70抗体IgG	100	CLIA	Scl-70	苏械注准20152400734
抗dsDNA抗体IgG	6，8	IFA	dsDNA	苏食药监械（准）字2014第2401028号
抗dsDNA抗体IgG	100	CLIA	dsDNA	苏械注准20152400734
抗组蛋白抗体IgG	100	CLIA	组蛋白	苏械注准20152400734
抗核小体抗体IgG	100	CLIA	核小体	苏械注准20152400734
抗核糖体P蛋白IgG	100	CLIA	核糖体P0蛋白	苏械注准20152400734
抗中性粒细胞胞浆IgG	48	IIFT	ANCA	苏食药监械（准）字2014第2401024号
抗PR3、MPO和GBM抗体IgG	16	LIA	PR3，MPO，GBM	苏械注准20172401033
抗蛋白酶3抗体IgG	100	CLIA	PR3	苏械注准20152400734

续表

试剂名称	规格（人份）	方法	靶抗原	注册证号
抗髓过氧化物酶 IgG	100	CLIA	髓过氧化物酶（MPO）	苏械注准 20152400734
抗 MPO，PR3 抗体 IgG	16	LIA	MPO，PR3	苏械注准 20172401033
抗心磷脂抗体 IgA	100	CLIA	Cardiolipin-IgA	苏械注准 20162401333
抗心磷脂抗体 IgG	100	CLIA	Cardiolipin-IgG	苏械注准 20162401333
抗心磷脂抗体 IgM	100	CLIA	Cardiolipin-IgM	苏械注准 20162401333
抗心磷脂抗体 IgA/G/M	100	CLIA	Cardiolipin-IgA/IgG/IgM	苏械注准 20162401333
抗 β2 糖蛋白 1 抗体 IgA	100	CLIA	β2-GP Ⅰ -IgA	苏械注准 20162401333
抗 β2- 糖蛋白 1 抗体 IgG	100	CLIA	β2-GP Ⅰ -IgG	苏械注准 20162401333
抗 β2- 糖蛋白 1 抗体 IgM	100	ECLIA	β2-GP Ⅰ -IgM	苏械注准 20162401333
抗 β2 糖蛋白 1 抗体 IgA/G/M	100	CLIA	β2-GP Ⅰ -IgA/IgG/IgM	苏械注准 20162401333
抗角蛋白抗体检测	8，12	IFA	角蛋白	苏食药监械（准）字 2014 第 2401027 号
抗环瓜氨酸肽抗体 IgG	100	CLIA	环瓜氨酸肽（CCP）	苏械注准 20162401333
抗核酸结合蛋白 33 抗体	100	CLIA	RA33	苏械注准 20162401333
类风湿因子（IgA 类）	100	CLIA	IgA 型类风湿因子	苏械注准 20162401333
类风湿因子（IgG 类）	100	CLIA	IgG 型类风湿因子	苏械注准 20162401333
类风湿因子（IgM 类）	100	CLIA	IgM 型类风湿因子	苏械注准 20162401333
抗着丝点蛋白 B 抗体 IgG	100	CLIA	CENP-B	苏械注准 20152400734
抗 Jo-1 抗体 IgG	100	CLIA	Jo-1	苏械注准 20152400734
抗 PM-Scl 抗体 IgG	100	CLIA	PM-Scl	苏械注准 20152400734
抗增殖细胞核抗原抗体	100	CLIA	PCNA	苏械注准 20152400887
抗 Ro52 抗体	100	CLIA	Ro-52	苏械注准 20152400887
自身免疫性肝病相关抗体谱	6	LIA	AMA M2、CENPB、sp100、gp210、LKM-1、LC-1、SLA/LP、SSA/52kd	苏械注准 20172401034
自身免疫性肝病相关抗体 IgG	10	IFA	自身免疫性肝病相关抗体	苏食药监械（准）字 2014 第 2401026 号
抗线粒体 M2 抗体 IgG	100	CLIA	AMA-M2	苏械注准 20152400734
抗 Gp210 抗体 IgG	100	CLIA	Gp210	苏械注准 20152400887
抗 SLA/LP 抗体 IgG	100	CLIA	SLA/LP	苏械注准 20152400734
抗肝细胞胞浆 1 型抗原 IgG	100	CLIA	LC-1	苏械注准 20152400887
抗 LKM-1 抗体 IgG	100	CLIA	LKM-1	苏械注准 20152400734
抗 sp100 抗体	100	CLIA	sp100	苏械注准 20152400887

续表

试剂名称	规格（人份）	方法	靶抗原	注册证号
抗肾小球基底膜抗体	100	CLIA	GBM	苏械注准 20152400734
抗谷氨酸脱羧酶抗体	100	CLIA	GAD	苏械注准 20162401332
抗胰岛细胞抗体	100	CLIA	ICA	苏械注准 20162401330
抗酪氨酸磷酸酶抗体	100	CLIA	IA2	苏械注准 20162401331
抗胰岛素自身抗体	100	CLIA	IAA	苏械注准 20162401330
甲状腺球蛋白抗体	100	CLIA	TG	苏械注准 20172402092
甲状腺过氧物酶抗体	100	CLIA	TPO	苏械注准 20172402094

超敏反应相关检测试剂

试剂名称	规格（人份）	方法	变应原	注册证号
总 IgE	12	ELISA	总 IgE	国械注准 20163400160
总 IgE	96	ELISA	总 IgE	国械注准 20163400228
食物过敏原特异性 IgE 抗体（7 项）	24	ELISA	花生 / 开心果 / 腰果 / 榛子，芒果 / 菠萝 / 苹果 / 草莓 / 桃子，牛肉 / 羊肉，虾 / 蟹 / 扇贝，鳕鱼 / 鲑鱼 / 鲈鱼，牛奶，蛋清 / 蛋黄	国械注准 20163400839
食物过敏原特异性 IgE 抗体（10 项）	12	ELISA	榛子 / 开心果，蟹，虾，鳕鱼，西红柿，牛奶，大豆，蛋清 / 蛋黄，花生，小麦	国械注准 20153402305
吸入性及食物性过敏原特异性 IgE（7 项）	24	ELISA	猫毛皮屑 / 狗毛皮屑，真菌混合，豚草 / 艾蒿 / 苦艾，柏树 / 梧桐 / 榆树 / 杨树 / 柳树，屋尘，屋尘螨 / 粉尘螨，总 IgE	国械注准 20163400414
吸入性及食物性过敏原特异性 IgE（10 项）	12	ELISA	猫毛皮屑，狗毛皮屑，豚草，艾蒿，葎草，榆树，梧桐，真菌组合，蟑螂，屋尘螨 / 粉尘螨	国械注准 20153402306
吸入性及食物性过敏原特异性 IgE（特殊 10 项）	12	ELISA	杨树 / 柳树，草花粉混合，柏树，蒲公英，苦艾，真菌混合，烟草屑，蚊子，柳絮，蜜蜂毒	国械注准 20163400003
过敏原特异性 IgE 抗体（综合 10 项）	12	ELISA	猫毛皮屑，狗毛皮屑，豚草，交链孢霉，屋尘螨，艾蒿，大豆，蛋清 / 蛋黄，花生，牛奶	国械注准 20153400418
过敏原特异性 IgE 抗体（14 项混合）	24	ELISA	花生 / 开心果 / 腰果 / 榛子，芒果 / 菠萝 / 苹果 / 草莓 / 桃子，牛肉 / 羊肉，虾 / 蟹 / 扇贝，鳕鱼 / 鲑鱼 / 鲈鱼，牛奶，蛋清 / 蛋黄，猫毛皮屑 / 狗毛皮屑，霉菌混合，豚草 / 艾蒿 / 苦艾，柏树 / 梧桐 / 榆树 / 杨树 / 柳树，屋尘，屋尘螨 / 粉尘螨，总 IgE	国械注准 20163400416

续表

试剂名称	规格（人份）	方法	变应原	注册证号
食物性过敏原特异性 IgG 抗体（7 项）	36	ELISA	鳕鱼，鸡蛋，牛奶，牛肉，虾，大豆，小麦	苏械注准 20172401482
食物性过敏原特异性 IgG 抗体（14 项）	18	ELISA	牛肉，鸡肉，鳕鱼，玉米，蟹，鸡蛋，蘑菇，牛奶，猪肉，大米，虾，大豆，西红柿，小麦	苏械注准 20172401480
食物特异性 IgG 抗体（14 项）	6	ELISA	玉米，大米，牛奶，鸡蛋，小麦，大豆，西红柿，牛肉，鸡肉，猪肉，蟹，虾，鳕鱼，蘑菇	苏械注准 20162400480
艾蒿过敏原特异性 IgE 抗体	96	ELISA	艾蒿 W6	国械注准 20163400210
粉尘螨过敏原特异性 IgE 抗体	96	ELISA	粉尘螨 D2	国械注准 20163400208
狗上皮过敏原特异性 IgE 抗体	96	ELISA	狗上皮 E5	国械注准 20163400214
花生过敏原特异性 IgE 抗体	96	ELISA	花生 F13	国械注准 20163400216
鸡蛋过敏原特异性 IgE 抗体	96	ELISA	鸡蛋 F252	国械注准 20163400220
交链孢霉过敏原特异性 IgE 抗体	96	ELISA	交链孢霉 M6	国械注准 20163400213
柳树过敏原特异性 IgE 抗体	96	ELISA	柳树 T12	国械注准 20163400212
猫上皮过敏原特异性 IgE 抗体	96	ELISA	猫上皮 E1	国械注准 20163400211
牛奶过敏原特异性 IgE 抗体	96	ELISA	牛奶 F2	国械注准 20163400218
牛肉过敏原特异性 IgE 抗体	96	ELISA	牛肉 F27	国械注准 20163400224
普通豚草过敏原特异性 IgE 抗体	96	ELISA	普通豚草 W1	国械注准 20163400207
屋尘过敏原特异性 IgE 抗体	96	ELISA	屋尘 H2	国械注准 20163400206
屋尘螨过敏原特异性 IgE 抗体	96	ELISA	屋尘螨 D1	国械注准 20163400215
虾过敏原特异性 IgE 抗体	96	ELISA	虾 F24	国械注准 20163400225
小麦面粉过敏原特异性 IgE 抗体	96	ELISA	小麦面粉 F4	国械注准 20163400217
蟹过敏原特异性 IgE 抗体	96	ELISA	蟹 F23	国械注准 20163400222
鳕鱼过敏原特异性 IgE 抗体	96	ELISA	鳕鱼 F3	国械注准 20163400221
羊肉过敏原特异性 IgE 抗体	96	ELISA	羊肉 F88	国械注准 20163400219
蟑螂过敏原特异性 IgE 抗体	96	ELISA	蟑螂 I6	国械注准 20163400209
大豆过敏原特异性 IgE 抗体	96	ELISA	大豆 F14	国械注准 20163400223

科新生物集团

检测试剂

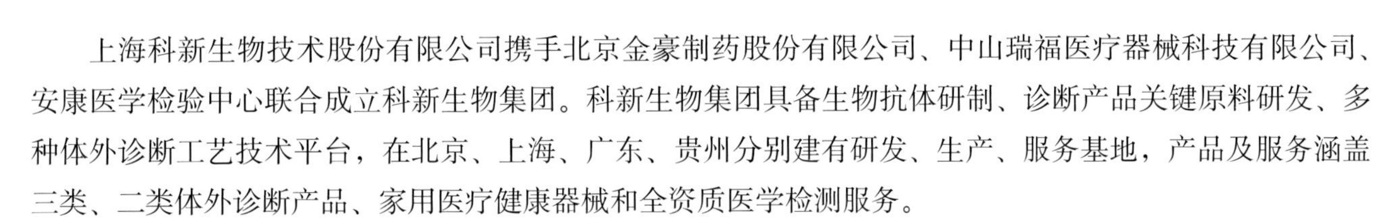

公司简介

上海科新生物技术股份有限公司携手北京金豪制药股份有限公司、中山瑞福医疗器械科技有限公司、安康医学检验中心联合成立科新生物集团。科新生物集团具备生物抗体研制、诊断产品关键原料研发、多种体外诊断工艺技术平台，在北京、上海、广东、贵州分别建有研发、生产、服务基地，产品及服务涵盖三类、二类体外诊断产品、家用医疗健康器械和全资质医学检测服务。

公司网址：www.kexinbiotech.com

联系电话：4009219994

产品目录

自身免疫性疾病检测试剂

试剂名称	规格（人份）	方法	靶抗原	注册证号
抗核抗体谱（IgG）检测试剂盒（15项）	30，16，32，64	LIA	nRNP/Sm，Sm，SSA，Ro-52，SSB，Scl-70，PM-Scl，Jo-1，CENP-B，PCNA，ds-DNA，核小体，组蛋白，rRNP，AMA-M2	粤械注准 20152400035
抗核抗体谱（IgG）检测试剂盒（12项）	30，16，32，64	LIA	nRNP/Sm，Sm，SSA，Ro-52，SSB，Scl-70，Jo-1，CENP-B，ds-DNA，核小体，组蛋白，rRNP	粤械注准 20152400035
抗核抗体谱（IgG）检测试剂盒（7项）	30，16，32，64	LIA	nRNP/Sm，Sm，SSA，Ro-52，SSB，Scl-70，Jo-1	粤械注准 20152400035
抗核抗体谱（ENA）检测试剂盒	25，50	GIGA	U1RNP，SmD1，SSA，SSB Scl-70，Jo-1，P	粤械注准 20162401233
抗α-胞衬蛋白（α-Fodrin）抗体检测试剂盒	96	ELISA	α-Fodrin	沪械注准 20152400427
抗环瓜氨酸肽（CCP）抗体酶联免疫检测试剂盒	96	ELISA	CCP	沪械注准 20172400598
抗M2型线粒体抗体检测试剂盒	96	ELISA	M2	沪械注准 20152400533
抗干燥综合征B抗原（SSB）抗体检测试剂盒	96	ELISA	SSB（La）	沪械注准 20152400425
抗可溶性酸性核蛋白（SP100）抗体检测试剂盒	96	ELISA	Sp100	沪械注准 20152400426
抗双链DNA（dsDNA）抗体检测试剂盒	96	ELISA	dsDNA	沪械注准 20172400597

续表

试剂名称	规格（人份）	方法	靶抗原	注册证号
抗单链 DNA（ssDNA）抗体检测试剂盒	96	ELISA	ssDNA	沪械注准 20152400437
抗核膜糖蛋白（Gp210）抗体检测试剂盒	96	ELISA	Gp210	沪械注准 20152400423
抗干燥综合征 A 抗原（SSA）抗体检测试剂盒 IgG	96	ELISA	SSA	沪械注准 20152400424
抗环瓜氨酸肽（CCP）抗体检测试剂盒	卡型：25，50，100 条型：25，50	GIGA	CCP	沪食药监械（准）字 2014 第 2400945 号
抗 M2 型线粒体抗体检测盒	卡型：25，50，100 条型：25，50	GIGA	M2	沪食药监械（准）字 2014 第 2400920 号
抗 MPO，PR3，GBM 谱（IgG）检测试剂盒	30	LIA	MPO，PR3，GBM	粤械注准 20152400034
自身免疫性肝病抗体谱（IgG）检测试剂盒	30	LIA	AMA-M2，LKM-1，LC-1，SLA/LP	粤械注准 20152400033

丽拓生物科技有限公司

检测试剂

公司简介

丽拓生物科技有限公司是专业从事临床诊断试剂与医疗仪器，集研发、生产、销售于一体的国家级高新技术企业。公司成立于2000年，现旗下拥有珠海市丽拓生物科技有限公司和湖南省丽拓生物科技有限公司，并建成通过了医疗器械ISO13485管理体系认证的两个生产基地。丽拓生物与全国4000多家大中型医院及800多家经销商建立了稳定、良好的业务关系。丽拓生物涉及领域为特定蛋白和免疫荧光系列仪器和试剂在免疫检测。

公司网址：http：//www.lituo.com.cn/

联系电话：0731-82788178（湖南），0756-8639200（珠海）

产品目录

非特异性免疫检测试剂

试剂名称	规格（人份/盒）	方法	注册证号
补体3（C3）检测试剂盒	50	免疫比浊法	湘械注准20162400185
补体4（C4）检测试剂盒	50	免疫比浊法	湘械注准20162400184
免疫球蛋白A（IgA）检测试剂盒	50	免疫比浊法	湘械注准20162400183
免疫球蛋白G（IgG）检测试剂盒	50	免疫比浊法	湘械注准20162400207
免疫球蛋白M（IgM）检测试剂盒	50	免疫比浊法	湘械注准20162400182
尿微量白蛋白（mALB）检测试剂盒	50	免疫比浊法	湘械注准20162400152
全程C反应蛋白（CRP）检测试剂盒	50	免疫比浊法	湘械注准20162400153
全程C反应蛋白（CRP）测定试剂盒	25	免疫荧光法	湘械注准20172400052
D-二聚体（D-Dimer）测定试剂盒	25	免疫荧光法	湘械注准20172400049
脂蛋白相关磷脂酶A2（Lp-PLA2）测定试剂盒	25	免疫荧光法	湘械注准20172400057
降钙素原（PCT）测定试剂盒	25	免疫荧光法	湘械注准20172400050
β2-微球蛋白（BMG）检测试剂盒	25	免疫比浊法	湘械注准20162400155
髓过氧化物酶（MPO）测定试剂盒	25	免疫荧光法	湘械注准20172400058

罗氏诊断产品（上海）有限公司 检测试剂

公司简介

罗氏集团始创于1896年，总部位于瑞士巴塞尔。罗氏诊断致力于开发和提供从疾病的早期发现、预防到诊断、监测的创新、高性价比、及时和可靠的诊断系统和解决方案。

2000年8月，罗氏诊断产品（上海）有限公司作为外商独资公司在上海外高桥保税区成立，开展中国内地的业务。截至2017年，公司拥有2400多名员工，分布在全国75个城市。公司总部位于上海，在北京、广州、南京、成都、武汉、西安、杭州和济南均设立了分公司。

公司网址：https：//www.roche.com.cn

联系电话：021-33971000

产品目录

非特异性免疫检测试剂

试剂名称英文	试剂名称中文	Panel	规格	注册证号码
Elecsys BRAHMS PCT	降钙素原	Sepsis	100测试/盒	国械注进20152401562
Elecsys Calcitonin	降钙素	Thyroid	100测试/盒	国械注进20162404376

自身免疫性疾病检测试剂

试剂名称英文	试剂名称中文	Panel	规格	注册证号码
Elecsys Anti-CCP	抗环瓜氨酸肽抗体	Rheumatism	100测试/盒	国械注进20162404037
Elecsys anti-TSHR	促甲状腺激素受体抗体	Thyroid	100测试/盒	国械注进20162404030
Anti-TPO	抗甲状腺过氧化物酶抗体	Thyroid	100测试/盒	国食药监械（进）字2014第2404897号
Anti-Tg	抗甲状腺球蛋白抗体	Thyroid	100测试/盒	国食药监械（进）字2014第2404876号

超敏反应相关检测试剂

试剂名称英文	试剂名称中文	Panel	规格	注册证号码
Elecsys IgE Gen.2	免疫球蛋白E二代	IgE	100测试/盒	国食药监械（进）字2014第3404914号

肿瘤免疫检测试剂

试剂名称英文	试剂名称中文	Panel	规格	注册证号码
Elecsys Ferritin Gen.2	铁蛋白（二代）	Anemia	100 测试 / 盒	国食药监械（进）字 2014 第 2404432 号
Ferritin 200 test	铁蛋白 200 test	Anemia	200 测试 / 盒	国食药监械（进）字 2014 第 2404432 号
Elecsys HCG+beta II	人绒毛膜促性腺激素 +B 亚单位	Hormones	100 测试 / 盒	国食药监械（进）字 2014 第 3404891 号
Elecsys HCG Stat II	人绒毛膜促性腺激素，急诊二代	Hormones	100 测试 / 盒	国械注进 20172400433
Elecsys CA 15-3 II	肿瘤相关抗原 15-3	Tumor	100 测试 / 盒	国食药监械（进）字 2014 第 3404892 号
Elecsys S100	S100 蛋白	Tumor	100 测试 / 盒	国械注进 20162404034
Elecsys free PSA Gen.2	游离前列腺特异抗原	Tumor	100 测试 / 盒	国食药监械（进）字 2014 第 3404911 号
Elecsys AFP Gen 1.1	甲胎蛋白（二代）	Tumor	100 测试 / 盒	国食药监械（进）字 2014 第 3404874 号
total PSA Gen.2.1	前列腺特异性抗原 2.1	Tumor	100 测试 / 盒	国械注进 20143405210
Elecsys CEA	癌胚抗原	Tumor	100 测试 / 盒	国食药监械（进）字 2014 第 3404885 号
Elecsys CA 19-9	肿瘤相关抗原 19-9	Tumor	100 测试 / 盒	国械注进 20143405201
Elecsys CA 72-4	肿瘤相关抗原 72-4	Tumor	100 测试 / 盒	国食药监械（进）字 2014 第 3404895 号
Elecsys Cyfra 21-1	非小细胞肺癌相关抗原 21-1	Tumor	100 测试 / 盒	国食药监械（进）字 2014 第 3404878 号
Elecsys NSE	神经元特异性烯醇化酶	Tumor	100 测试 / 盒	国食药监械（进）字 2014 第 3404881 号
total PSA Elecsys，cobasee（200）	总前列腺特异性抗原	Tumor	200 测试 / 盒	国械注进 20143405210
CEA Elecsys，cobas e（200）	癌胚抗原	Tumor	200 测试 / 盒	国食药监械（进）字 2014 第 3404885 号
AFP Elecsys，cobas e（200）	甲胎蛋白	Tumor	200 测试 / 盒	国食药监械（进）字 2014 第 3404874 号
HE4	人附睾蛋白 4	Tumor	100 测试 / 盒	国械注进 20153403726
Elecsys ProGRP	胃泌素释放肽前体	Tumor	100 测试 / 盒	国械注进 20163404578
Elecsys CA125 II	肿瘤相关抗原 125（二代）	Tumor	100 测试 / 盒	国械注进 20153401561
Elecsys SCC	鳞状上皮细胞癌抗原	Tumor	100 测试 / 盒	国械注进 20183400005
Elecsys PAPP-A	妊娠相关血浆蛋白 A	Down's Syndrome	100 测试 / 盒	国械注进 20162404163

感染免疫检测试剂

试剂名称英文	试剂名称中文	Panel	规格	注册证号码
Elecsys anti-HAV Gen.2	甲肝抗体二代	ID	100 测试 / 盒	国械注进 20143405450
Elecsys anti-HAV IgM	甲肝抗体 IgM	ID	100 测试 / 盒	国食药监械（进）字 2014 第 3403580 号
Elecsys HBsAg Gen.2	乙肝表面抗原二代	ID	100 测试 / 盒	国械注进 20143405194
Elecsys，Anti-HBS	乙肝表面抗体	ID	100 测试 / 盒	国械注进 20143405202
Elecsys anti-HBC	乙肝核心抗体	ID	100 测试 / 盒	国械注进 20143405196
Elecsys anti-HBc IgM	乙肝核心抗体 IgM	ID	100 测试 / 盒	国食药监械（进）字 2014 第 3403583 号
Elecsys HBeAg	乙肝 e 抗原	ID	100 测试 / 盒	国械注进 20143405195
Elecsys，anti-Hbe	乙肝 e 抗体	ID	100 测试 / 盒	国械注进 20143405200
HBsAg Confirmatory Test	HBsAg 确认试剂	ID	4x1.0mL	国械注进 20143405199
HBsAg II quant II	乙肝病毒表面抗原定量检测试剂（二代）	ID	100 测试 / 盒	国械注进 20143405198
Anti-HCV II	丙肝抗体Ⅱ	ID	100 测试 / 盒	国械注进 20163400533
Anti-HCV II	丙肝抗体Ⅱ（200 test）	ID	200 测试 / 盒	国械注进 20163400533
Elecsys HIV Ag	艾滋病抗原	ID	100 测试 / 盒	国械注进 20163400531
Elecsys HIV Ag Confirmatory Test	艾滋病抗原确证试剂	ID	2 × 20 测试	国械注进 20163400529
HIV combi PT	艾滋病毒抗原 / 抗体	ID	100 测试 / 盒	国食药监械（进）字 2014 第 3404898 号
Elecsys Syphilis	梅毒螺旋体抗体	ID	100 测试 / 盒	国食药监械（进）字 2014 第 3403753 号
Elecsys Rubella IgG	风疹 IgG	Torch	100 测试 / 盒	国械注进 20163400530
Elecsys Toxo IgG	弓形虫抗体 IgG	Torch	100 测试 / 盒	国械注进 20153404100
Elecsys Rubella IgM	风疹 IgM	Torch	100 测试 / 盒	国械注进 20163400534
Elecsys Toxo IgM	弓形虫抗体 IgM	Torch	100 测试 / 盒	国械注进 20153404101
Elecsys CMV IgG	巨细胞病毒 IgG	Torch	100 测试 / 盒	国食药监械（进）字 2014 第 3403582 号
Elecsys CMV IgM	巨细胞病毒 IgM	Torch	100 测试 / 盒	国食药监械（进）字 2014 第 3403581 号
HSV-1 IgG	单纯疱疹病毒 1 型 IgG 抗体	Torch	100 测试 / 盒	国械注进 20143405049
HSV-2 IgG	单纯疱疹病毒 2 型 IgG 抗体	Torch	100 测试 / 盒	国食药监械（进）字 2014 第 3404450 号
CMV IgG Avidity	巨细胞病毒 IgG 抗体亲和力	Torch	100 测试 / 盒	国械注进 20163400536
Toxo IgG Avidity	弓形虫 IgG 亲和力	Torch	100 测试 / 盒	国械注进 20163404530

其他检测试剂

试剂名称英文	试剂名称中文	Panel	规格	注册证号码
Elecsys AMH	抗缪勒管激素	Hormones	100 测试 / 盒	国械注进 20152400916

美国宙斯（ZEUS）科技公司

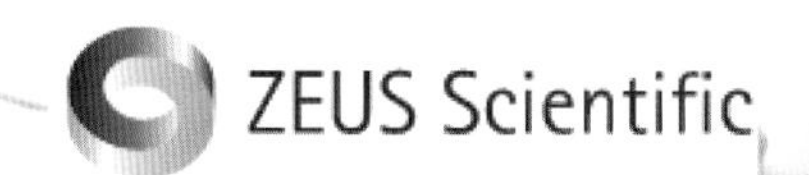

（中国总代理：上海一滴准生物科技有限公司）

检测试剂

公司简介

宙斯（ZEUS）公司1976年成立于美国，能够提供广范围IFA、ELISA和流式荧光系列试剂及配套软件的专业诊断公司。ZEUS作为多项免疫检测产品第一家通过FDA认证的企业，协助FDA建立了多项产品的产品标准。

上海一滴准生物科技有限公司（前身为上海朗卡贸易有限公司）自1998年成立起至今已有20年历史，是一家研发、销售临床诊断产品的专业性公司。公司作为国外著名诊断试剂品牌ZEUS，SPINREACT公司中国地区的总代理产品，可能为临床分析提供科学的数据。

美国ZEUS公司官方网址：https：//www.zeusscientific.com

上海一滴准生物科技有限公司地址：上海市徐汇区漕宝路86号光大会展中心F座2205室

联系电话：021-22816216

产品目录

非特异性免疫检测试剂

试剂名称	规格（人份/盒）	方法	生产厂家	用途	注册证号
类风湿因子检测试剂盒（多重微珠免疫法）	96	多重微珠流式免疫荧光法	Zeus Scientific, Inc.	用于体外定性或半定量地检测人血清中的类风湿因子IgM抗体	国械注进20172407017

自身免疫性疾病检测试剂

试剂名称	规格（人份/盒）	方法	生产厂家	用途	注册证号
抗核抗体谱检测试剂盒（多重微珠流式免疫荧光发光法）	96	多重微珠流式免疫荧光法	Zeus Scientific, Inc.	用于检测人血清中一系列核酸抗原（16项）IgG抗体	国械注进20162404949
抗核抗体检测试剂盒（多重微珠免疫法）	96	多重微珠流式免疫荧光法	Zeus Scientific, Inc.	用于对血清中抗核抗原的10种抗体水平做检测	国械注进20172407105
蛋白酶3、髓过氧化物酶、肾小球基底膜IgG抗体检测试剂盒（多重微珠流式免疫荧光发光法）	96	多重微珠流式免疫荧光法	Zeus Scientific, Inc.	用于定性和半定量检测人血清中3种不同抗原的IgG抗体（抗肾小球基底膜、髓过氧化物酶、蛋白酶3）	国械注进20162405203
抗甲状腺过氧化物酶/甲状腺球蛋白抗体检测试剂盒（多重微珠免疫法）	96	多重微珠流式免疫荧光法	Zeus Scientific, Inc.	用于体外定量检测人血清中甲状腺过氧化物酶（TPO）和甲状腺球蛋白（Tg）的IgG抗体	国械注进20152402193

续表

试剂名称	规格（人份/盒）	方法	生产厂家	用途	注册证号
抗肾小球基底膜抗体检测试剂盒（多重微珠流式免疫荧光发光法）	96	多重微珠流式免疫荧光法	Zeus Scientific, Inc.	用于定性和半定量地检测人血清中抗肾小球基底膜 IgG 抗体	国械注进 20152400187
可提取核抗原 IgG 检测试剂盒（酶联免疫法）	96	ELISA	Zeus Scientific, Inc.	用于体外半定量检测人血清中的 Jo-1、Sm、Sm/RNP、SSA（Ro）、SSB（La）、Scl-70 的 IgG 抗体	国械注进 20172407003
抗可提取性核抗原（ENA）IgG 抗体检测试剂盒	96	ELISA	Zeus Scientific, Inc.	用于体外定性检测人血清中抗 Jo-1、Sm、Sm/RNP、SSA（Ro）、SSB（La）、Scl-70 的 IgG 抗体	国械注进 20162400965
抗核抗体检测试剂盒（酶联免疫法）	96	ELISA	Zeus Scientific, Inc.	用于体外定性检测人血清中的抗核抗体	国械注进 20172407013
髓过氧化物酶 IgG 检测试剂盒（酶联免疫法）	96	ELISA	Zeus Scientific, Inc.	用于体外定性检测人血清中的髓过氧化物酶（MPO）IgG 抗体	国械注进 20172407007
蛋白酶 3 IgG 检测试剂盒（酶联免疫法）	96	ELISA	Zeus Scientific, Inc.	用于体外定性检测人血清中的蛋白酶 3（PR-3）IgG 抗体	国械注进 20172407022
抗中性粒细胞胞浆抗体检测试剂盒（酶联免疫法）	96	ELISA	Zeus Scientific, Inc.	用于体外定性检测人血清中的髓过氧化物酶（MPO）和（或）蛋白酶 3（PR-3）IgG 抗体	国械注进 20172407020
双链 DNA 检测试剂盒（酶联免疫法）	96	ELISA	Zeus Scientific, Inc.	用于体外半定量检测人血清中的双链 DNA（dsDNA）的 IgG 抗体	国械注进 20172407018
心磷脂 IgM 检测试剂盒（酶联免疫法）	96	ELISA	Zeus Scientific, Inc.	用于体外定性检测人血清中的抗心磷脂（Cardiolipin）IgM 抗体	国械注进 20172407108
心磷脂 IgG 检测试剂盒（酶联免疫法）	96	ELISA	Zeus Scientific, Inc.	用于体外半定量检测人血清中的抗心磷脂（Cardiolipin）IgG 抗体	国械注进 20172407019
心磷脂 IgA 抗体检测试剂盒（酶联免疫法）	96	ELISA	Zeus Scientific, Inc.	用于定性检测人血清中的心磷脂 IgA 抗体	国械注进 20162400579

感染免疫检测试剂

试剂名称	规格（人份/盒）	方法	生产厂家	用途	注册证号
EB病毒IgG抗体检测试剂盒（多重微珠流式免疫荧光法）	96	多重微珠流式免疫荧光法	Zeus Scientific，Inc.	用于体外检测人血清中三种不同EB病毒抗原（EB病毒-VCA gp-125，总EB病毒-EA和重组EBNA-1）的IgG抗体	国械注进20173406067
EB病毒衣壳抗原IgM抗体检测试剂盒（多重微珠流式免疫荧光法）	96	多重微珠流式免疫荧光法	Zeus Scientific，Inc.	该产品用于检测人血清中EB病毒衣壳抗原（EBV VCA）IgM抗体	国械注进20173406072
弓形虫、风疹病毒、巨细胞病毒、单纯疱疹病毒（1型、2型）IgG抗体检测试剂盒（多重微珠流式免疫荧光法）	96	多重微珠流式免疫荧光法	Zeus Scientific，Inc.	用于对血清中TORCH IgG抗体水平做检测	国械注进20173406068
弓形虫、风疹病毒、巨细胞病毒、单纯疱疹病毒（1型、2型）IgM抗体检测试剂盒（多重微珠流式免疫荧光法）	96	多重微珠流式免疫荧光法	Zeus Scientific，Inc.	用于对血清中TORCH IgM抗体水平做检测	国械注进20173406080
肺炎支原体IgM检测试剂盒（酶联免疫法）	96	ELISA	Zeus Scientific，Inc.	用于体外定性检测人血清中肺炎支原体IgM抗体	国械注进20153403233
肺炎支原体IgG检测试剂盒（酶联免疫法）	96	ELISA	Zeus Scientific，Inc.	用于体外定性检测人血清中肺炎支原体IgG抗体	国械注进20153403229

欧蒙医学诊断（中国）有限公司

检测试剂

欧 蒙

珀金埃尔默集团成员

中国

公司简介

欧蒙医学诊断（中国）有限公司于1999年成立于北京，是欧蒙亚太集团总部。公司在中国、新加坡建立了先进的产品研发和生产基地，专业技术团队遍及中国内地各省市、中国香港、中国台湾以及韩国、新加坡、泰国等亚太国家及地区。欧蒙公司在自身免疫性疾病、感染性疾病和变态反应性疾病诊断领域拥有领先的实验室诊断方案，在基因芯片诊断及抗原检测等领域拥有先进的技术。

公司网址：http：//www.oumeng.com.cn/

联系电话：010-58045000

产品目录

自身免疫性疾病检测试剂

试剂名称	规格（人份）	方法	靶抗原	注册证号
抗核抗体 IgG	30，50 100，200	IIFT	细胞核（总 ANA 检测）	浙 20162400982
抗核抗体谱 IgG	16，64	EVROLINE	nRNP/Sm，Sm，SS-A，Ro-52，SS-B，Scl-70，PM-Scl，Jo-1，CENP B，PCNA，dsDNA，核小体，组蛋白，核糖体 P 蛋白，AMA-M2	国 20142403693
抗可提取性核抗原抗体 IgG	96	ELISA	nRNP/Sm，Sm，SS-A，SS-B，Scl-70，Jo-1	国 20142405782
抗核抗体谱 IgG	96	ELISA	nRNP/Sm，Sm，SS-A，SS-B，Scl-70，Jo-1，dsDNA，组蛋白，核糖体 P 蛋白，着丝点	国 20162400117
抗 nRNP/Sm 抗体 IgG	96	ELISA	nRNP/Sm	国 20142405129
抗 Sm 抗体 IgG	96	ELISA	Sm	国 20142405130
抗 SS-A 抗体 IgG	96	ELISA	SS-A（Ro）	国 20142405131
抗 SS-B 抗体 IgG	96	ELISA	SS-B（La）	国 20142405128
抗 Scl-70 抗体 IgG	96	ELISA	Scl-70	国 20142404245
抗 dsDNA 抗体 IgG	30，50 100，200	IIFT	dsDNA	浙 20162400983
抗 dsDNA 抗体 IgG	96	ELISA	dsDNA	国 20152404043
抗 dsDNA 抗体 IgG	96	ELISA	dsDNA-NcX	国 20152403571
抗单链 DNA 抗体 IgG	96	ELISA	单链 DNA	国 20152403576
循环免疫复合物（含 IgG 抗体）				国 20142404852

续表

试剂名称	规格（人份）	方法	靶抗原	注册证号
抗组蛋白抗体 IgG	96	ELISA	组蛋白	国 20152403430
抗核小体抗体 IgG	96	ELISA	核小体	国 20152404044
抗核糖体 P 蛋白 IgG	96	ELISA	核糖体 P 蛋白	国 20142405132
抗中性粒细胞胞浆 IgG	30，50，100	IIFT	cANCA，pANCA，GS-ANA	浙 20162400984
抗中性粒细胞胞浆 / GBM IgG	30，50 100，200	IIFT	cANCA，pANCA，GS-ANA，细胞核（ANA），GBM，MPO，PR3	浙 20152400230
抗中性粒细胞胞浆 IgG	96	ELISA	PR3，MPO，弹性蛋白酶，组织蛋白酶 G，BPI，乳铁蛋白	国 20172406066
抗蛋白酶 3 抗体 IgG	96	ELISA	PR3-hn-hr	国 20162405261
抗髓过氧化物酶 IgG	96	ELISA	髓过氧化物酶（MPO）	国 20152403573
抗 MPO，PR3 抗体 IgG	30，50	EUROBlot	MPO，PR3	国 20172401353
抗心磷脂抗体 IgA	96	ELISA	心磷脂（AMA M1）	国 20142405764
抗心磷脂抗体 IgG	96	ELISA	心磷脂（AMA M1）	国 20142405785
抗心磷脂抗体 IgM	96	ELISA	心磷脂（AMA M1）	国 20172401187
抗心磷脂抗体 IgA/G/M	96	ELISA	心磷脂（AMA M1）	国 20152404046
抗 β2 糖蛋白 1 抗体 IgA	96	ELISA	β2- 糖蛋白 1	国 20142405763
抗 β2- 糖蛋白 1 抗体 IgG	96	ELISA	β2- 糖蛋白 1	国 20142403915
抗 β2- 糖蛋白 1 抗体 IgM	96	ELISA	β2- 糖蛋白 1	国 20142403913
抗 β2- 糖蛋白 1 抗体 IgA/G/M	96	ELISA	β2- 糖蛋白 1	国 20172406069
抗内皮细胞抗体 IgG	30，50，100	IIFT	内皮细胞	国 20172401366
抗血小板抗体	30，50，100	IIFT	血小板抗原	国 20152400332
抗心肌抗体 FA1461	30，50，100	IIFT	心肌	浙 20162400980
抗角蛋白抗体检测	50	IIFT	角蛋白	浙 20162400981
抗环瓜氨酸肽抗体 IgG	96	ELISA	环瓜氨酸肽（CCP）	国 20162400106
类风湿因子（IgA 类）	96	ELISA	IgA 型类风湿因子	国 20142403086
类风湿因子（IgG 类）	96	ELISA	IgG 型类风湿因子	国 20142404853
类风湿因子（IgM 类）	96	ELISA	IgM 型类风湿因子	国 20142403085
抗着丝点抗体 IgG	96	ELISA	着丝点	国 20142405133
抗 Jo-1 抗体 IgG	96	ELISA	Jo-1	国 20142404244
抗 PM-Scl 抗体 IgG	96	ELISA	PM-Scl	国 20142404246
抗肌炎抗体谱 IgG	16	EUROLINE	Mi-2，PM-Scl100，PM-Sd75，SRP，EJ，Ku，Jo-1，PL-7，PL-12，Ro-52	国 20162401515

续表

试剂名称	规格（人份）	方法	靶抗原	注册证号
自身免疫性肝病相关抗体谱	30，50，100	IIFT	肝抗原，细胞核（ANA），AMA M7，心肌抗原，LKM，AMA，ASMA	浙 20162400977
抗平滑肌抗体 IgA/G/M	30，50 100，200	IIFT	平滑肌（ASMA）	浙 20162400986
抗线粒体抗体 IgA/G/M	30，50 100，200	IIFT	AMA，LKM，ASMA，细胞核（ANA），M2-3E 抗原	浙 20162400985
抗线粒体谱抗体 IgG/IgM	30	EURO-Blot	AMA-M2，M4，M9	国 20172401354
抗 M2-3E 抗体 IgG	96	ELISA	AMA M2-3E	国 20152403572
抗 SLA/LP 抗体 IgG	96	ELISA	SLA/LP	国 20162400119
抗肝细胞胞浆 1 型抗原 IgG	96	ELISA	LC-1	国 20162400108
抗 LKM-1 抗体 IgG	96	ELISA	LKM-1	国 20162400118
自身免疫性肝病 IgG 类抗体	16	EUROLINE	AMA-M2，3E（BPO），Sp100，PML，gp210，LKM-1，LC-1，SLA/LP，Ro-52	国 20142403916
抗肝抗原谱抗体 IgG	16 30，50	EUROLINE EURO-Blot	AMA M2，LKM-1，LC-1，SLA/LP	国 20172406077 国 20172401355
抗肾小球基底膜抗体	30，50，100	IIFT	GBM+ 肾小管	国 20152400333
抗磷脂酶 A2 受体抗体	30，50，100	IIFT	PLA2R	国 20172402225
抗肾小球基底膜抗体 IgG	96	ELISA	GBM	国 20172400841
抗磷脂酶 A2 受体抗体 IgG	96	ELISA	PLA2R	国 20142405768
循环免疫复合物（含 IgG 抗体）	96	ELISA	循环免疫复合物（CIC）	国 20142404852
抗 C1q 抗体 IgG	96	ELISA	C1q	国 20162400107
神经元抗原谱抗体 IgG	16	EUROLINE	Amphiphysin，CV2，PNMA2（Ma-2/Ta），Ri，Yo，Hu	国 20172401385
抗谷氨酸受体抗体	30，50，100	IIFT	海马抗原，小脑抗原，谷氨酸受体（NMDA 型）	国 20172401373
抗甲状腺抗体	30，50	IIFT	甲状腺（MAb+TAb），线粒体（AMA），LKM	国 20172401371
抗促甲状腺激素受体抗体 IgG	96	ELISA	促甲状腺刺激激素受体	国 20142405127
抗胰岛细胞 / 抗谷氨酸脱羧酶	30，50 100，200	IIFT	胰岛细胞，GAD，脑灰质和白质，Yo，Hu，Ri	国 20172402220
抗谷氨酸脱羧酶抗体 IgG	96	ELISA	GAD	国 20142405784
抗酪氨酸磷酸酶抗体 IgG	96	ELISA	IA2	国 20162400109
抗精子抗体检测	30，50，100	IIFT	精子	国 20142403911

续表

试剂名称	规格（人份）	方法	靶抗原	注册证号
精液抗精子抗体 IgA/IgG/IgM	96	ELISA	精子	国 20142403902
大疱性皮肤病抗体	30，50 100，200	IIFT	桥粒芯糖蛋白 1 桥粒芯糖蛋白 3	国 20142406211
			类天疱疮抗原，破裂皮肤 BP230gC，表皮基底膜，棘细胞桥粒，BP180-NC16A-4X	国 20142406211
抗表皮棘细胞桥粒 /GBM	30，50，100	IIFT	表皮： 棘细胞桥粒 表皮基底膜	国 20142403912
抗桥粒芯糖蛋白 1 抗体 IgG	48	ELISA	桥粒芯糖蛋白 1	国 20142405122
抗桥粒芯糖蛋白 3 抗体 IgG	48	ELISA	桥粒芯糖蛋白 3	国 20142405124
抗 BP230 抗体 IgG	48	ELISA	BP230-CF	国 20142405123
抗 BP180 抗体 IgG	48	ELISA	BP180-NC16A-4X	国 20142405121
抗胃壁细胞、内因子抗体	30，50，100	IIFT	PCA，内因子	国 20142404248
慢性炎症性肠病抗体	30，50	IIFT	胰腺腺泡和胰岛细胞，小肠杯状细胞，cANCA，pANCA，GS-ANA、酿酒酵母	国 20152401995
抗胃壁细胞抗体 IgG	96	ELISA	胃壁细胞（PCA）	国 20142404249
抗内因子抗体 IgG	96	ELISA	内因子	国 20142404247
麸质敏感性肠病 IgG 抗体	30，50，100	IIFT	肌内膜，网硬蛋白，麦胶蛋白	国 20152401996
麸质敏感性肠病 IgA 抗体	30，50，100	IIFT	肌内膜，网硬蛋白，麦胶蛋白	国 20152401997
抗组织谷氨酰胺转移酶 IgA	96	ELISA	肌内膜（组织谷氨酰胺转移酶）	国 20162400116
抗组织谷氨酰胺转移酶 IgG	96	ELISA	肌内膜（组织谷氨酰胺转移酶）	国 20152403429
麦胶蛋白	96	ELISA	麦胶蛋白（GAF-3X）	国 20152403493

超敏反应相关检测试剂

试剂名称	规格（人份）	方法	变应原	注册证号
总 IgE	96	ELISA	总 IgE	国 20163404546
吸入性过敏原特异性 IgE 抗体	16	EUROLine	柳树 / 杨树 / 榆树，普通豚草，艾蒿，屋尘螨 / 粉尘螨，屋尘，猫毛，狗上皮，蟑螂，点青霉 / 分枝孢霉 / 烟曲霉 / 交链孢霉，葎草，CCD	国 20163402545
食物过敏原特异性 IgE 抗体	16	EUROLine	鸡蛋白，牛奶，花生，黄豆，鳕鱼 / 龙虾 / 扇贝，鲑鱼 / 鲈鱼 / 鲤鱼，虾，蟹，CCD	国 20163402546
吸入性及食物性过敏原特异性 IgE	16	EUROLine	柳树 / 杨树 / 榆树，普通豚草，艾蒿，屋尘螨 / 粉尘螨，屋尘，猫毛，狗上皮，蟑螂，点青霉 / 分枝孢霉 / 烟曲霉 / 交链孢霉，葎草，鸡蛋白，牛奶，花生，黄豆，牛肉，羊肉，鳕鱼 / 龙虾 / 扇贝，虾，蟹，CCD	国 20143404851

感染免疫检测试剂

试剂名称	规格（人份）	方法	靶抗原	注册证号
梅毒螺旋体抗体 IgM	30，50，100	IIFT	梅毒螺旋体 / 溃蚀密（FTA-ABS）	国 20163402984
梅毒螺旋体抗体 IgG	30，50，100	IIFT	梅毒螺旋体 / 溃蚀密（FTA-ABS）	国 20173401780
抗梅毒螺旋体、心磷脂抗体 IgM	16，24	EUROLine	梅毒螺旋体 / 心磷脂	国 20163402983
抗梅毒螺旋体、心磷脂抗体 IgG	16，24	EUROLine	梅毒螺旋体 / 心磷脂	国 20173401782
呼吸道病原体谱抗体 IgM	10，20	IIFT	呼吸道病原体谱（11 种）	国 20143405426
抗肺炎衣原体抗体 IgG	96	ELISA	肺炎衣原体	国 20173401785
抗肺炎衣原体抗体 IgM	96	ELISA	肺炎衣原体 含 IgG/RF 吸附剂	国 20173407106
抗肺炎支原体抗体 IgG	96	ELISA	肺炎支原体	国 20173401311
抗肺炎支原体抗体 IgM	96	ELISA	肺炎支原体	国 20173401659
抗嗜肺军团菌抗体 IgG	96	ELISA	嗜肺军团菌	国 20173406585
抗嗜肺军团菌抗体 IgM	96	ELISA	嗜肺军团菌 含 IgG/RF 吸附剂	国 20173401875
抗呼吸道合胞病毒抗体 IgM	96	ELISA	呼吸道合胞病毒（RSV）含 IgG/RF 吸附剂	国 20163401396
抗腺病毒抗体 IgM	96	ELISA	腺病毒含 IgG/RF 吸附剂	国 20173406157
柯萨奇病毒 / 埃可病毒抗体 IgM	96	ELISA	肠道病毒含 IgG/RF 吸附剂	国 20173405100
抗 EB 病毒衣壳抗原 IgM、衣壳抗原 IgG 抗体及抗体亲和力、早期抗原 IgG、核抗原抗体	10，20，40	IIFT	EBV-CA（IgG）、EBV-CA（IgM）、EBV-EA、EBV-NA	国 20143405425
抗 EB 病毒衣壳抗原 / 早期抗原抗体 IgA	30，50，100	IIFT	EBV-CA EBV-EA	国 20163400417
抗 EB 病毒衣壳抗原抗体 IgM	96	ELISA	EBV-CA 含 IgG/RF 吸附剂	国 20173401383
抗 EB 病毒衣壳抗原抗体 IgG	96	ELISA	EBV-CA	国 20173401886
抗 EB 病毒衣壳抗原抗体 IgA	96	ELISA	EBV-CA	国 20163404462
抗 EB 病毒衣壳抗原 IgG 抗体亲和力	96	ELISA	EBV-CA 抗体亲和力检测	国 2014 第 3404841 号
抗 EB 病毒核抗原抗体 IgG	96	ELISA	EBNA-1	国 20143405451
抗 EB 病毒早期抗原抗体 IgA	96	ELISA	EBV-EA	国 20173401783
抗 EB 病毒早期抗原抗体 IgG	96	ELISA	EBV-EA	国 20143403087
抗 EB 病毒早期抗原抗体 IgM	96	ELISA	EBV-EA 含 IgG/RF 吸附剂	国 20173402195
抗弓形体抗体 IgM	96	ELISA	鼠弓形体含 IgG/RF 吸附剂	国 20173401656

续表

试剂名称	规格（人份）	方法	靶抗原	注册证号
抗弓形体抗体 IgG	96	ELISA	鼠弓形体	国 20173401661
抗单纯疱疹病毒 1+2 型抗体 IgM	96	ELISA	单纯疱疹病毒（HSV-1/2 混合）	国 20153400595
抗单纯疱疹病毒 1+2 型抗体 IgG	96	ELISA	单纯疱疹病毒（HSV-1/2 混合）	国 20153400778
抗单纯疱疹病毒 2 型抗体 IgM	96	ELISA	HSV-2 含 IgG/RF 吸附剂	国 20173401784
抗单纯疱疹病毒 2 型抗体 IgG	96	ELISA	HSV-2	国 20173402207
抗单纯疱疹病毒 1 型抗体 IgM	96	ELISA	HSV-1 含 IgG/RF 吸附剂	国 20173401786
抗单纯疱疹病毒 1 型抗体 IgG	96	ELISA	HSV-1	国 20173402206
抗巨细胞病毒抗体 IgM	96	ELISA	CMV 含 IgG/RF 吸附剂	国 20173400853
抗巨细胞病毒抗体 IgG	96	ELISA	CMV	国 20173401657
抗巨细胞病毒 IgG 抗体亲和力	96	ELISA	CMV 抗体亲和力测定	国 20143405857
抗细小病毒 B19 抗体 IgG	96	ELISA	细小病毒 B19	国 20173400571
抗细小病毒 B19 抗体 IgM	96	ELISA	细小病毒 B19 含 IgG/RF 吸附剂	国 20173400581
抗风疹病毒抗体 IgG	96	ELISA	风疹病毒	国 20173401658
抗风疹病毒糖蛋白抗体 IgM	96	ELISA	风疹病毒糖蛋白 含 IgG/RF 吸附剂	国 20153401376
抗风疹病毒 IgG 抗体亲和力	96	ELISA	风疹病毒抗体亲和力测定	国 20153400286
抗麻疹病毒抗体 IgM	96	ELISA	麻疹病毒含 IgG/RF 吸附剂	国 20173407176
抗麻疹病毒抗体 IgG	96	ELISA	麻疹病毒	国 20163404459
抗白喉类毒素抗体 IgG	96	ELISA	白喉类毒素	国 20163404458
抗百日咳杆菌毒素抗体 IgG	96	ELISA	百日咳杆菌毒素	国 20173406631
抗破伤风类毒素抗体 IgG	96	ELISA	破伤风类毒素	国 20163404454
抗流行性腮腺炎病毒抗体 IgG	96	ELISA	流行性腮腺炎病毒	国 20163404545

其他检测试剂

试剂名称	规格（人份）	方法	底物	注册证号
人类白细胞抗原 B27 核酸	24，25，50，100	EUROArray	DNA 芯片	国 20153403312

瑞捷生物科技江苏有限公司

检测试剂

公司简介

瑞捷生物科技江苏有限公司是2016年9月在中国泰州医药城成立的一家集研发、生产和销售于一体的医疗器械科技公司。瑞捷公司目前专注于过敏原特异性IgE抗体检测系统——百敏芯微流控芯片销售工作和本土化生产工作，同时开展40项过敏原试剂套装的注册工作，以及第二代百敏芯化学发光分析仪的注册和生产准备工作。瑞捷公司的目标是以微流控技术为核心，结合蛋白质涂覆技术，与国内外免疫产业合作，建立高效能、高通量技术平台，提供免疫检测诊断产品。

公司地址：泰州医药城药城大道一号R16幢

联系电话：0523-86819688

产品目录

超敏反应相关检测试剂

试剂名称	规格（人份）	方法	变应原	注册证号
过敏原特异性IgE抗体检测试剂盒	20	微阵列酶联免疫法	屋尘螨、粉尘螨、热带无爪螨、猫毛、狗毛、德国蟑螂、烟曲霉、白念珠菌、狗牙根草、梯牧草、豚草、蛋白牛奶、小麦、花生、大豆、杏仁、虾、蟹	国械注许20153400079

三明博峰生物科技有限公司

检测试剂

公司简介

三明博峰生物科技有限公司成立于1999年，是专业从事体外诊断试剂研发、生产、销售的高新技术企业，已建立遍布全国的销售网络。

公司拥有博峰办公楼及博峰科技楼1万平方米、10万级净化车间1000平方米、万级局部百级净化车间600平方米、现代化实验室1000平方米，由一批优秀的科研专家和训练有素的员工组成精良扎实的队伍，配备了先进生产设备和科研仪器，通过了ISO9001和ISO13485质量管理体系认证，产品生产过程严谨、质量管理体系完备。公司已获医疗器械生产许可证和80多个医疗器械产品注册证，主要产品有：胶体金系列、酶联免疫系列、微生物培养基系列液基细胞处理试剂盒及染色液系列等。

公司网址：http：//www.smbfsw.com/

联系电话：0598-8956005，8956006

产品目录

自身免疫性疾病检测试剂

产品名称	规格（人份）	方法	靶物质	注册证号
抗精子抗体IgA检测试剂盒	20T/24T/40T/48T	DIGFA	抗精子抗体IgA	闽械注准20162400119
抗精子抗体IgM检测试剂盒	20T/24T/40T/48T	DIGFA	抗精子抗体IgM	闽械注准20162400124
抗精子抗体检测试剂盒	24T/48T	DIGFA	抗精子抗体IgG	闽械注准20172400123
抗子宫内膜抗体IgM检测试剂盒	20T/24T/40T/48T	DIGFA	抗子宫内膜抗体IgM	闽械注准20162400121
抗子宫内膜抗体检测试剂盒	24T/48T	DIGFA	抗子宫内膜抗体IgG	闽械注准20172400121
抗卵巢抗体IgM检测试剂盒	20T/24T/40T/48T	DIGFA	抗卵巢抗体IgM	闽械注准20162400123
抗卵巢抗体检测试剂盒	24T/48T	DIGFA	抗卵巢抗体IgG	闽械注准20172400122
抗心磷脂抗体IgA检测试剂盒	20T/24T/40T/48T	DIGFA	抗心磷脂抗体IgA	闽械注准20162400120
抗心磷脂抗体IgM检测试剂盒	20T/24T/40T/48T	DIGFA	抗心磷脂抗体IgM	闽械注准20162400122
抗心磷脂抗体检测试剂盒	24T/48T	DIGFA	抗心磷脂抗体IgG	闽械注准20142400021
抗滋养层细胞膜抗体检测试剂盒	24T/48T	DIGFA	抗滋养层细胞膜抗体IgG	闽械注准20142400022
抗透明带抗体检测试剂盒	24T/48T	DIGFA	抗透明带抗体IgG	闽械注准20142400020
抗人绒毛膜促性腺激素抗体检测试剂盒	24T/48T	DIGFA	抗人绒毛膜促性腺激素抗体IgG	闽械注准20142400019
抗可溶性抗原（ENA）抗体检测试剂盒	24T/48T	DIGFA	抗可溶性抗原（ENA）抗体	闽械注准20152400083
抗核抗体（ANA）检测试剂盒	24T/48T	DIGFA	抗核抗体（ANA）	闽械注准20152400082
抗双链DNA（ds-DNA）抗体检测试剂盒	24T/48T	DIGFA	抗双链DNA（ds-DNA）抗体	闽械注准20172400120

续表

产品名称	规格（人份）	方法	靶物质	注册证号
抗环瓜氨酸肽（CCP）抗体检测试剂盒	48T/96T	ELISA	抗环瓜氨酸肽（CCP）抗体	闽械注准 20152400086
抗线粒体（M_2 型）抗体检测试剂盒	48T/96T	ELISA	抗线粒体（M_2 型）抗体	闽械注准 20152400085
抗肾小球基底膜（Anti-GBM）抗体检测试剂盒	48T/96T	ELISA	抗肾小球基底膜（Anti-GBM）抗体	闽械注准 20152400087
抗肝肾微粒体（LKM-1）抗体检测试剂盒	48T/96T	ELISA	抗肝肾微粒体（LKM-1）抗体	闽械注准 20152400088
抗平滑肌（SMA）抗体检测试剂盒	48T/96T	ELISA	抗平滑肌（SMA）抗体	闽械注准 20152400089
抗可溶性肝抗原/肝胰抗原（SLA/LP）抗体检测试剂盒	48T/96T	ELISA	抗可溶性肝抗原/肝胰抗原（SLA/LP）抗体	闽械注准 20152400084

感染免疫检测试剂

产品名称	规格（人份）	方法	靶物质	注册证号
肺炎支原体抗体 IgG 检测试剂盒	20T/24T/40T/48T	DIGFA	肺炎支原体抗体 IgG	国械注准 20163402565
肺炎支原体 IgM 抗体检测试剂盒	20T/24T/40T/48T	DIGFA	肺炎支原体抗体 IgM	国械注准 20163400263
肺炎衣原体抗体 IgG 检测试剂盒	20T/24T/40T/48T	DIGFA	肺炎衣原体抗体 IgG	国械注准 20163402567
肺炎衣原体抗体 IgM 检测试剂盒	20T/24T/40T/48T	DIGFA	肺炎衣原体抗体 IgM	国械注准 20163402564
腺病毒抗体 IgG 检测试剂盒	20T/24T/40T/48T	DIGFA	腺病毒抗体 IgG	国械注准 20153401025
腺病毒抗体 IgM 检测试剂盒	20T/24T/40T/48T	DIGFA	腺病毒抗体 IgM	国械注准 20153400761
呼吸道合胞病毒抗体 IgG 检测试剂盒	20T/24T/40T/48T	DIGFA	呼吸道合胞病毒抗体 IgG	国械注准 20153401140
呼吸道合胞病毒抗体 IgM 检测试剂盒	20T/24T/40T/48T	DIGFA	呼吸道合胞病毒抗体 IgM	国械注准 20153400760
结核分枝杆菌抗体检测试剂盒	20T/24T/40T/48T	DIGFA	结核分枝杆菌抗体 IgG	国械注准 20163400705
肺炎支原体抗体检测试剂盒	20T/40T	GICA	肺炎支原体抗体	国械注准 20173401526
柯萨奇病毒 B 组抗体 IgG 检测试剂盒	20T/40T	GICA	柯萨奇病毒 B 组抗体 IgG	国械注准 20173401519
柯萨奇病毒 B 组抗体 IgM 检测试剂盒	20T/40T	GICA	柯萨奇病毒 B 组抗体 IgM	国械注准 20173401525
细小病毒 B19 抗体 IgG 检测试剂盒	20T/40T	GICA	细小病毒 B19 抗体 IgG	国械注准 20173401523
细小病毒 B19 抗体 IgM 检测试剂盒	20T/40T	GICA	细小病毒 B19 抗体 IgM	国械注准 20173401513
肠道病毒 71 型抗体 IgG 检测试剂盒	20T/40T	GICA	肠道病毒 71 型抗体 IgG	国械注准 20173401517
肠道病毒 71 型抗体 IgM 检测试剂盒	20T/40T	GICA	肠道病毒 71 型抗体 IgM	国械注准 20173401509
柯萨奇病毒 A16 型抗体 IgM 检测试剂盒	20T/40T	GICA	柯萨奇病毒 A16 型抗体 IgM	国械注准 20173401512
解脲支原体抗体 IgG 检测试剂盒	20T/24T/40T/48T	DIGFA	解脲支原体抗体 IgG	国械注准 20163402580
沙眼衣原体抗体 IgG 检测试剂盒	20T/24T/40T/48T	DIGFA	沙眼衣原体抗体 IgG	国械注准 20163402582

续表

产品名称	规格（人份）	方法	靶物质	注册证号
单纯疱疹病毒Ⅱ型抗体 IgG 检测试剂盒	20T/24T/40T/48T	DIGFA	单纯疱疹病毒Ⅱ型抗体 IgG	国械注准 20153401027
单纯疱疹病毒Ⅱ型抗体 IgM 检测试剂盒	20T/24T/40T/48T	DIGFA	单纯疱疹病毒Ⅱ型抗体 IgM	国械注准 20153401026
幽门螺旋杆菌尿素酶抗体检测试剂盒	24T/48T	DIGFA	幽门螺旋杆菌抗体	国械注准 20163400262
弓形虫抗体 IgG 检测试剂盒	48T/96T	ELISA	弓形虫抗体 IgG	国械注准 20173404220
弓形虫抗体 IgM 检测试剂盒	48T/96T	ELISA	弓形虫抗体 IgM	国械注准 20173404219
风疹病毒抗体 IgG 检测试剂盒	48T/96T	ELISA	风疹病毒抗体 IgG	国械注准 20173404225
风疹病毒抗体 IgM 检测试剂盒	48T/96T	ELISA	风疹病毒抗体 IgM	国械注准 20173404223
巨细胞病毒抗体 IgG 检测试剂盒	48T/96T	ELISA	巨细胞病毒抗体 IgG	国械注准 20173404226
巨细胞病毒抗体 IgM 检测试剂盒	48T/96T	ELISA	巨细胞病毒抗体 IgM	国械注准 20173404224
单纯疱疹病毒Ⅱ型抗体 IgG 检测试剂盒	48T/96T	ELISA	单纯疱疹病毒Ⅱ型抗体 IgG	国械注准 20173404221
单纯疱疹病毒Ⅱ型抗体 IgM 检测试剂盒	48T/96T	ELISA	单纯疱疹病毒Ⅱ型抗体 IgM	国械注准 20173404222

山东莱博生物科技有限公司

检测试剂

公司简介

山东莱博生物科技有限公司成立于2005年，位于济南药谷产业园，是专业从事体外诊断试剂研发、生产、销售的国家高新技术企业。

公司现已取得国家药品监督管理总局批准的产品注册证8项，其中丙型肝炎病毒核心抗原检测试剂盒（化学发光法）和丙型肝炎病毒抗原抗体联合检测试剂盒（酶联免疫法）为国内独家专利产品。

公司是济南市首家通过国家ISO13485质量体系认证的企业，是济南市医疗器械监管人员培训实践基地、济南市体外诊断试剂工程技术研究中心、济南市企业技术中心、济南市免疫标记技术与诊断产品实验室、山东省医疗器械生产质量管理规范实施示范企业，是科技部认定的国家高新区"瞪羚企业"，国家博士后科研工作站。

截至2017年，公司承担国家科技部支撑计划及省市级科研课题20余项，已取得商标注册权3项，申请国家发明专利19项，取得发明专利授权12项，完成专利产业化项目3项；获教育部技术发明一等奖和山东省技术发明二等奖各1项，获济南市技术发明一等奖和济南市专利二等奖各1项。

公司网址：http：// www.labchina.cn

联系电话：0531-88875206

产品目录

感染免疫检测试剂

试剂名称	规格（人份）	方法	靶抗原	注册证号
丙型肝炎病毒核心抗原检测试剂盒（酶联免疫法）	48、96	ELISA	HCV-cAg	国械注准 20153401894
丙型肝炎病毒核心抗原检测试剂盒（化学发光法）	96	CLIA	HCV-cAg	国械注准 20173400312
丙型肝炎病毒抗原抗体联合检测试剂盒（酶联免疫法）	96	ELISA	HCV-Ab、HCV-cAg	国械注准 20143401894
丙型肝炎病毒抗体检测试剂盒（化学发光法）	96	CLIA	HCV-Ab	国械注准 20143401895
梅毒螺旋体抗体检测试剂盒（化学发光法）	96	CLIA	TP-Ab	国械注准 20143401896

其他检测试剂

试剂名称	规格（人份）	方法	靶抗原	注册证号
全自动免疫检验系统用底物液	10ml	——	——	鲁济械备 20140292 号
样本释放剂	10ml	——	——	鲁济械备 20150200 号

上海北加生化试剂有限公司

检测试剂

公司简介

上海北加生化试剂有限公司创建于 2001 年，是体外诊断试剂研究、开发、生产和销售一体化的高新科技企业。通过了国家药品监督管理总局医疗器械体外诊断试剂生产企业质量体系考核认证。产品 2006 年—2009 年获 CE 认证。建设有开发研究实验中心、单克隆细胞培养中心、动物免疫中心和体外诊断试剂生产中心（2 个 10 万级净化生产线车间）。

上海北加生化试剂有限公司拥有 8 项自主知识产权的专利产品和专利技术。获国家专利局授权，并获国家药监局批准注册的专利产品有：①葡萄糖 6 磷酸异构酶（GPI）；②抗环瓜氨酸肽抗体（变构型 CCP）；③补体 c1q 透射免疫比浊法试剂盒；④补体 C1q 纳米胶乳比浊法试剂盒等 8 个专利产品。

公司网址：http：//www.shbeijia.com/

联系电话：021-62985493 转 8002

产品目录

非特异性免疫检测试剂

试剂名称	规格	方法	注册证号
C1q 测定试剂盒	R1 40ml × 2 R2 20ml × 1	免疫透射比浊法	沪械注准 20172400076

自身免疫性疾病检测试剂

试剂名称	规格（人份）	方法	靶抗原	注册证号
葡萄糖 6 磷酸异构酶（GPI）测定试剂盒	48，96	ELISA		沪械注准 20172400737
抗环瓜氨酸肽（CCP）抗体测定试剂盒	48，96	ELISA		沪械注准 20172400734

上海科华生物工程股份有限公司

KHB 科华生物

检测试剂

公司简介

上海科华生物工程股份有限公司创立于1981年，是国内首家在深圳证券交易所中小板上市的诊断用品专业公司，融产品研发、生产、销售于一体，拥有医疗诊断领域完整产业链。公司主营业务涵盖体外诊断试剂和医疗检验仪器。作为研发驱动型高科技企业，公司依托生物技术创新中心和博士后科研工作站，创建了临床体外诊断试剂和全自动检测分析仪器两大研发技术平台，逐步推进试剂和仪器的“系列化”“一体化”发展目标；已获得189个CFDA产品生产批文，63项试剂和仪器产品通过了欧盟CE认证，艾滋病诊断试剂被列入世界卫生组织、联合国儿童基金会、美国总统基金等国际知名机构的采购名录，并与美国克林顿基金会签署了长期供货合同。

公司网址：http：//www.skhb.com

联系电话：021-64850088

产品目录

非特异性免疫检测试剂

试剂名称	规格（人份）	方法	注册证号
降钙素原定量测定试剂盒	50，100	CLIA	沪械注准20162400242

自身免疫性疾病检测试剂

试剂名称	规格（人份）	方法	注册证号
抗甲状腺过氧化物酶抗体测定试剂盒	50	CLIA	沪械注准20172400721
抗甲状腺球蛋白抗体测定试剂盒	50	CLIA	沪械注准20172400722

肿瘤免疫检测试剂

试剂名称	规格（人份）	方法	注册证号
β人绒毛膜促性腺激素定量测定试剂盒	50，100	CLIA	沪械注准20162400167
甲胎蛋白定量测定试剂盒	100	CLIA	国食药监械（准）字2014第3401785
癌胚抗原定量测定试剂盒	100	CLIA	国食药监械（准）字2014第3401046
糖类抗原125定量测定试剂盒	100	CLIA	国食药监械（准）字2014第3401784
糖类抗原19-9定量测定试剂盒	100	CLIA	国食药监械（准）字2014第3401787
糖类抗原15-3测定试剂盒	100	CLIA	国械注准20173403379
总前列腺特异性抗原定量测定试剂盒	100	CLIA	国食药监械（准）字2014第3401783
游离前列腺特异性抗原定量测定试剂盒	100	CLIA	国食药监械（准）字2014第3401786

续表

试剂名称	规格（人份）	方法	注册证号
铁蛋白定量测定试剂盒	100	CLIA	沪食药监械（准）字 2014 第 2400556
甲状腺球蛋白定量测定试剂盒	50，100	CLIA	沪械注准 20162400243

感染免疫检测试剂

试剂名称	规格（人份）	方法	注册证号
乙型肝炎病毒表面抗原检测试剂盒	100	CLIA	国械注准 20153400025
乙型肝炎病毒表面抗体定量测定试剂盒	100	CLIA	国械注准 20143402151
乙型肝炎病毒 e 抗原检测试剂盒	100	CLIA	国械注准 20143402150
乙型肝炎病毒 e 抗体检测试剂盒	100	CLIA	国械注准 20143402149
乙型肝炎病毒核心抗体检测试剂盒	100	CLIA	国械注准 20143402146
乙型肝炎病毒表面抗原诊断试剂盒	96	ELISA	国药准字 S10910113
乙型肝炎病毒表面抗体检测试剂盒	96	ELISA	国械注准 20163400145
乙型肝炎病毒 e 抗原检测试剂盒	96	ELISA	国械注准 20163400144
乙型肝炎病毒 e 抗体检测试剂盒	96	ELISA	国械注准 20153402115
乙型肝炎病毒核心抗体检测试剂	96	ELISA	国械注准 20163400143
乙型肝炎病毒前 S1 抗原检测试剂盒	96	ELISA	国械注准 20163401195
乙型肝炎病毒核心 IgM 抗体检测试剂盒	96	ELISA	国械注准 20173404557
丙型肝炎病毒抗体诊断试剂盒	96	ELISA	国药准字 S10950039
甲型肝炎病毒 IgM 抗体检测试剂盒	48，96	ELISA	国械注准 20153402047
戊型肝炎病毒 IgG 抗体检测试剂盒	96	ELISA	国械注准 20153402116
戊型肝炎病毒 IgM 抗体检测试剂盒	96	ELISA	国械注准 20153401898
人类免疫缺陷病毒抗体诊断试剂盒	96	ELISA	国药准字 S20010012
梅毒螺旋体抗体诊断试剂盒	96	ELISA	国药准字 S20010057
人类免疫缺陷病毒抗体检测试剂盒	50	胶体金法	国械注准 20163402248
丙型肝炎病毒抗体检测试剂盒	50	胶体金法	国械注准 20163400537
乙型肝炎病毒五项检测试剂盒	25，50	胶体金法	国械注准 20163400924
梅毒螺旋体抗体检测试剂盒	50	胶体金法	国械注准 20173400165

上海透景生命科技股份有限公司

公司简介

上海透景生命科技股份有限公司（简称“透景生命”）成立于2003年，坐落于有“药谷”之称的上海张江高科技园区。

公司专业从事高端体外诊断产品的研发、生产、推广和销售，致力于推动高通量检测技术在临床检验领域的应用。公司开发的用于肿瘤早期筛查、辅助诊断、个性化用药及预后判断等肿瘤全程检测领域相关产品相继获得CFDA注册证。目前透景生命已累计获得一百余项医疗器械注册证，形成以流式荧光技术、实时荧光技术、化学发光技术等为主要技术平台，以肿瘤全程检测、生殖健康、自身免疫、病原体感染、心脏疾病标志物、HLA分型及DNA甲基化等为主要应用方向的多系列产品，并成功推出基于流式荧光技术的全自动高通量免疫检测系统（TESMI）。

公司网址：http：// www.tellgen.com

联系电话：021-50800020

产品目录

自身免疫性疾病检测试剂

试剂名称	规格（人份）	方法	靶抗原	注册证号
抗核抗体谱-15IgG	100，200	流式荧光发光法	dsDNA、C1q、Nucleosome、Histone、Jo-1、Scl-70、PM/Scl、Ribosomal P、SSB、SS-A 52、SS-A 60、RNP、Sm、M2、CENP-B	注册中
抗核抗体谱-16IgG	100，200	流式荧光发光法	dsDNA、C1q、Nucleosome、Histone、Jo-1、Scl-70、PM/Scl、Ribosomal P、SSB、SS-A 52、SS-A 60、RNP、Sm、M2、CENP-B、PCNA	注册中
抗dsDNA抗体IgG	100，200	流式荧光发光法	dsDNA	注册中
抗环瓜氨酸肽抗体IgG	100，200	流式荧光发光法	CCP	注册中
血管炎抗体谱IgG	100，200	流式荧光发光法	MPO、PR3、GBM	注册中
磷脂抗体谱IgA/G/M	100，200	流式荧光发光法	心磷脂、β2GPI	注册中
肌炎抗体谱IgG	100，200	流式荧光发光法	Mi-2，TIF1γ，MDA5，NXP2，SAE1，Ku，PM-Scl100，PM-Scl75，Jo-1，SRP，PL-7，PL-12，EJ，OJ，Ro-52	注册中
自身免疫性肝病抗体谱IgG	100，200	流式荧光发光法	M2、LKM1、LC-1、SLA、GP210、SP100、F-actin	注册中

肿瘤免疫检测试剂

试剂名称	规格（人份）	方法	靶抗原	注册证号
胃蛋白酶原Ⅰ、胃蛋白酶原Ⅱ测定试剂盒	96	流式荧光发光法	PG I、PG II	沪械注准 20172400485
糖类抗原 19-9 检测试剂盒	96	流式荧光发光法	CA19-9	国械注准 20163402331
甲胎蛋白检测试剂盒	96	流式荧光发光法	AFP	国械注准 20163400543
癌胚抗原、细胞角蛋白 19 片段、神经元特异性烯醇化酶测定试剂盒	96	流式荧光发光法	CEA、Cyfra21-1、NSE	国械注准 20163400542
癌胚抗原测定试剂盒	96	流式荧光发光法	CEA	国械注准 20163400536
糖类抗原 15-3 检测试剂盒	96	流式荧光发光法	CA15-3	国械注准 20163402329
游离 / 总前列腺特异抗原检测试剂盒	96	流式荧光发光法	T-PSA、F-PSA	国械注准 20163400544
糖类抗原 72-4 检测试剂盒	96	流式荧光发光法	CA72-4	国械注准 20163402324
鳞状细胞癌抗原检测试剂盒	96	流式荧光发光法	SCCA	国械注准 20163402328
多肿瘤标志物（7 种）检测试剂盒	96	流式荧光发光法	AFP、CEA、NSE、Cyfra21-1、CA125、CA242、free-β-hCG	国械注准 20163400541
肿瘤相关抗原 242 检测试剂盒	96	流式荧光发光法	CA242	国械注准 20163400535
糖类抗原 125 定量检测试剂盒	96	流式荧光发光法	CA125	国械注准 20153401106
神经元特异性烯醇化酶定量测定试剂盒	96	流式荧光发光法	NSE	国械注准 20153401696
细胞角蛋白 19 片段定量测定试剂盒	96	流式荧光发光法	Cyfra21-1	国械注准 20153401692
总前列腺特异性抗原定量测定试剂盒	96	流式荧光发光法	T-PSA	国械注准 20153401693
糖类抗原 50 测定试剂盒	96	流式荧光发光法	CA50	国械注准 20153401811
甲胎蛋白 / 癌胚抗原测定试剂盒	96	流式荧光发光法	AFP、CEA	国械注准 20163400075
人附睾蛋白 4 测定试剂盒	96	流式荧光发光法	HE4	国械注准 20163401436
游离前列腺特异性抗原定量测定试剂盒	100，500	化学发光	F-PSA	国械注准 20153401695
鳞状上皮细胞癌抗原定量测定试剂盒	100，500	化学发光	SCCA	国械注准 20153401694
糖类抗原 125 定量测定试剂盒	100，500	化学发光	CA125	国械注准 20153401813
细胞角蛋白 19 片段定量测定试剂盒	100，500	化学发光	Cyfra21-1	国械注准 20153401812
糖类抗原 19-9 定量测定试剂盒	100，500	化学发光	CA19-9	国械注准 20153401810
总前列腺特异性抗原定量测定试剂盒	100，500	化学发光	T-PSA	国械注准 20153401809
甲胎蛋白定量测定试剂盒	100，500	化学发光	AFP	国械注准 20153401808
神经元特异性烯醇化酶定量测定试剂盒	100，500	化学发光	NSE	国械注准 20153401807

续表

试剂名称	规格（人份）	方法	靶抗原	注册证号
癌胚抗原定量测定试剂盒	100，500	化学发光	CEA	国械注准 20153401806
胃蛋白酶原Ⅰ定量测定试剂盒	100，500	化学发光	PG Ⅰ	沪械注准 20152400708
胃蛋白酶原Ⅱ定量测定试剂盒	100，500	化学发光	PG Ⅱ	沪械注准 20152400720
β2- 微球蛋白定量测定试剂盒	100，500	化学发光	β2-MG	沪械注准 20152400725
铁蛋白定量测定试剂盒	100，500	化学发光	Ferritin	沪械注准 20152400721
糖类抗原 15-3 测定试剂盒	100，500	化学发光	CA15-3	国械注准 20163401437
人附睾蛋白 4 测定试剂盒	100，500	化学发光	HE4	国械注准 20163401438
胃泌素释放肽前体测定试剂盒	100，500	化学发光	proGRP	国械注准 20163401439

感染免疫检测试剂

试剂名称	规格（人份）	方法	靶抗原	注册证号
弓形虫、风疹病毒、巨细胞病毒、单纯疱疹病毒 1 型 / 2 型 IgM 抗体检测试剂盒	96	流式荧光发光法	弓形虫（Tox），风疹病毒（RV），巨细胞病毒（CMV），单纯疱疹病毒 1 型（HSV-1），单纯疱疹病毒 2 型（HSV-2）	国械注准 20153402132
弓形虫、风疹病毒、巨细胞病毒、单纯疱疹病毒 1 型 / 2 型 IgG 抗体检测试剂盒	96	流式荧光发光法	弓形虫（Tox），风疹病毒（RV），巨细胞病毒（CMV），单纯疱疹病毒 1 型（HSV-1），单纯疱疹病毒 2 型（HSV-2）	国械注准 20153402131

深圳迈瑞生物医疗电子股份有限公司 mindray迈瑞

检测试剂

公司简介

深圳迈瑞生物医疗电子股份有限公司创始于1991年，总部设在中国深圳，在北美、欧洲、亚洲、非洲、拉美等地区的32个国家拥有子公司，在中国31个省、市、自治区均设有分公司，全球雇员近7600名，形成了庞大的全球研发、营销和服务网络。迈瑞融合创新，紧贴临床需求，帮助世界各地人们改善医疗条件，降低医疗成本。

公司网址：http：//www.mindray.com

联系电话：4007005652

产品目录

其他检测试剂

试剂名称	规格（人份）	方法	注册证号
HLA-B27检测双色试剂	50	流式法	国食药监械（准）2014第3401112

深圳市伯劳特生物制品有限公司

检测试剂

公司简介

深圳市伯劳特生物制品有限公司成立于1999年，是集自主研发、生产、销售体外诊断试剂为一体的国家及深圳市高新技术企业。公司致力于体外诊断项目的技术创新，曾获国家科学技术进步二等奖、科技部科技型中小企业技术创新基金及深圳市重大研发项目立项支持。目前，公司拥有发明专利5项，自主研发生产的检测糖尿病、风湿病及幽门螺杆菌抗体分型等多个免疫类产品。

公司网址：http：//www.szblot.com

联系电话：0755-86274919

产品目录

自身免疫性疾病检测试剂

试剂名称	规格	方法	靶抗原	注册证号
风湿病自身抗体检测试剂盒（斑点印迹法）	型号Ⅰ（12项）40人份/盒	斑点印迹	U1RNP/Sm/ssA60/ssA52/ssB/Scl-70/Jo-1/CENP-B/ds-DNA/Rib/核小体/组蛋白	粤械注准20152401083
风湿病自身抗体检测试剂盒（斑点印迹法）	型号Ⅱ（9项）40人份/盒	斑点印迹	U1RNP/Sm/ssA60/ssA52/ssB/Scl-70/Jo-1/CENP-B/ Rib	粤械注准20152401083
风湿病自身抗体检测试剂盒（斑点印迹法）	型号Ⅲ（8项）40人份/盒	斑点印迹	U1RNP/Sm/ssA60/ssA52/ssB/Scl-70/Jo-1/Rib	粤械注准20152401083
风湿病自身抗体免疫印迹试剂盒（免疫印迹法）	40人份/盒	免疫印迹	U1RNP/Sm/ssA/ssB/Scl-70/Jo-1/ Ro60/Rib	粤械注准20152401082
糖尿病自身抗体免疫印迹试剂盒（免疫印迹法）	40人份/盒	免疫印迹	IA-2A /ICA / IAA /GADA/ZnT8A	粤械注准20152401081

感染免疫检测试剂

试剂名称	规格	方法	靶抗原	注册证号
幽门螺杆菌抗体分型检测试剂盒（免疫印迹法）	40人份/盒	免疫印迹	CagA/ VacA/ UreA/UreB	国械注准20153401438

深圳市帝迈生物技术有限公司

检测试剂

公司简介

深圳市帝迈生物技术有限公司是一家专业从事医疗器械的研发、生产、销售、服务的国家级高新技术企业，由山东环日集团、元生创投、红杉资本等多家知名企业参股。主要产品涵盖体外诊断设备、家用呼吸机等。

作为专业医疗研发与制造企业，帝迈已拥有独立的研发中心和制造基地，总部位于深圳南山云谷创新产业园。

行业首创将 CRP 检测系统集成至带三维散点图的五分类血细胞分析仪进行联合应用检测，用于感染性或反应性疾病的诊疗。

公司网址：www.dymind.com

联系电话：4009987276

产品目录

非特异性免疫检测试剂

试剂名称	规格	方法	靶抗原	注册证号
C 反应蛋白测定试剂盒	R1：1×75ml，R2：1×25ml R1：1×75ml，R2：2×13ml R1：1×135ml，R2：1×45ml R1：1×150ml，R2：2×25ml R1：1×225ml，R2：1×75ml R1：1×300ml，R2：1×100ml R1：1×450ml，R2：1×150ml	胶乳增强免疫比浊法	C 反应蛋白	粤械注准 20172401032
C 反应蛋白校准品（选购）	校准品 1：1×0.5ml 校准品 1：1×1.0ml 校准品 2：1×0.5ml 校准品 2：1×1.0ml 校准品 3：1×0.5ml 校准品 3：1×1.0ml 校准品 4：1×0.5ml 校准品 4：1×1.0ml 校准品 5：1×0.5ml 校准品 5：1×1.0ml			粤械注准 20172401032
C 反应蛋白质控品（选购）	质控品 1：1×0.5ml 质控品 1：1×1.0ml 质控品 2：1×0.5ml 质控品 2：1×1.0ml			粤械注准 20172401032

深圳市新产业生物医学工程股份有限公司 检测试剂

公司简介

深圳市新产业生物医学工程股份有限公司（简称“新产业生物公司”）成立于1995年，是专业从事研发、生产、销售“全自动化学发光免疫分析仪器及配套试剂”的国家级高新技术企业。公司自成立以来，一直专注于化学发光免疫分析领域的研究，于2010年2月将中国第一台全自动化学发光免疫分析仪及配套试剂成功推上市场。通过不断的技术创新，公司于2016年将智能化的“模块化生化免疫分析系统”成功推上市场。2017年，新产业生物公司通过美国FDA的510（k）认证，成为中国第一家通过美国FDA认证的化学发光厂家。

新产业生物公司是中国第一家采用最先进的“纳米免疫磁性微珠”作为系统的关键分离材料的公司，中国第一家采用目前该领域最先进的“人工合成的小分子有机化合物”代替传统的酶作为发光标记物的公司，中国第一家应用直接化学发光免疫分析技术并实现批量生产全自动化学发光免疫分析仪器及配套试剂的公司。

公司网址：http：//www.snibe.com

联系电话：国内营销中心：0755-26501835，86028334

海外营销中心：0755-86540750

产品目录

非特异性免疫检测试剂

试剂名称	规格（人份）	方法	靶抗原	注册证号
人免疫球蛋白G（IgG）	100	CLIA	—	粤械注准20152401125
人免疫球蛋白E（IgE）	100	CLIA	—	粤械注准20152400106
人免疫球蛋白A（IgA）	100	CLIA	—	粤械注准20152400971
人免疫球蛋白M（IgM）	100	CLIA	—	粤械注准20152401029
D-二聚体（D-dimer）	100	CLIA	—	粤械注准20162400315
C反应蛋白（CRP）	100	CLIA	—	粤械注准20152401080
降钙素原（PCT）	100	CLIA	—	粤械注准20152401073

自身免疫性疾病检测试剂

试剂名称	规格（人份）	方法	靶抗原	注册证号
甲状腺球蛋白抗体（TGA）	100	CLIA	TG	粤械注准20152401127
甲状腺微粒体抗体（TMA）	100	CLIA	TM	粤械注准20152401085

续表

试剂名称	规格（人份）	方法	靶抗原	注册证号
促甲状腺激素受体抗体（TRAb）	100	CLIA	TSH 受体	粤械注准 20152401140
抗甲状腺过氧化物酶抗体（Anti-TPO）	100	CLIA	TPO	粤械注准 20152400097
抗人胰岛素抗体（IAA）	100	CLIA	人胰岛素	粤械注准 20152400973
谷氨酸脱羧酶抗体（GAD65）	100	CLIA	谷氨酸脱羧酶	粤械注准 20152401133

肿瘤免疫检测试剂

试剂名称	规格（人份）	方法	靶抗原	注册证号
神经元特异性烯醇化酶（NSE）	100	CLIA	—	国械注准 20163400978
糖类抗原 125（CA125）	100	CLIA	—	国械注准 20163400979
癌胚抗原（CEA）	100	CLIA	—	国械注准 20163400919
血清甲胎蛋白（AFP）	100	CLIA	—	国械注准 20163400976
前列腺特异性抗原（PSA）	100	CLIA	—	国械注准 20163400977
铁蛋白（Ferritin）	100	CLIA	—	粤械注准 20152401129
游离前列腺特异性抗原（F-PSA）	100	CLIA	—	国械注准 20163400980
糖类抗原 50（CA50）	100	CLIA	—	国械注准 20163400971
糖类抗原 199（CA199）	100	CLIA	—	国械注准 20163400973
糖类抗原 153（CA153）	100	CLIA	—	国械注准 20163400975
Sangtec-100 蛋白质（S-100）	100	CLIA	—	粤械注准 20152400970
糖类抗原 242（CA242）	100	CLIA	—	国械注准 20163400974
细胞角蛋白十九片段*（CYFRA21-1）	100	CLIA	—	国械注准 20163400840
鳞状细胞癌相关抗原（SCCA）	100	CLIA	—	国械注准 20163400920
糖类抗原 724（CA724）	100	CLIA	—	国械注准 20163400972
前列腺酸性磷酸酶（PAP）	100	CLIA	—	国械注准 20163400904
胃蛋白酶原Ⅰ（PGⅠ）	100	CLIA	—	粤械注准 20152400102
胃蛋白酶原Ⅱ（PGⅡ）	100	CLIA	—	粤械注准 20152400101
β2 微球蛋白（β2-MG）	100	CLIA	—	粤械注准 20152401118
妊娠相关蛋白 A（PAPP-A）	100	CLIA	—	粤械注准 20152401120
甲胎蛋白（AFP）	100	CLIA	—	国械注准 20163400976

* 即“细胞角蛋白 19 片段”

感染免疫检测试剂

试剂名称	规格（人份）	方法	靶抗原	注册证号
乙肝病毒表面抗原（HBsAg）	100	CLIA		国械注准 20163400988
乙肝病毒 e 抗原（HBeAg）	100	CLIA		国械注准 20163400913
乙肝病毒表面抗体 IgG（HBsAb IgG）	100	CLIA	HBsAg	国械注准 20163400901
乙肝病毒 e 抗体 IgG（HBeAb IgG）	100	CLIA	HBeAg	国械注准 20163400849
乙肝病毒核心抗体 IgG（HBcAb IgG）	100	CLIA	HBcAg	国械注准 20163400986
丙型肝炎病毒 IgG（HCV IgG）抗体	100	CLIA	HCV 抗体	国械注准 20163400908
EB 病毒早期抗原 IgG（EBV EA IgG）	100	CLIA		国械注准 20163400905
EB 病毒核抗原 IgG（EBV NA IgG）	100	CLIA		国械注准 20163400906
EB 病毒衣壳抗原 IgM（EBV VCA IgM）抗体	100	CLIA	EBV VCA 抗原	国械注准 20163402076
EB 病毒衣壳抗原 IgA（EBV VCA IgA）抗体	100	CLIA	EBV VCA 抗原	国械注准 20163400914
EB 病毒早期抗原 IgA（EBV EA IgA）抗体	100	CLIA	EBV EA 抗原	国械注准 20163400907
EB 病毒衣壳抗原 IgG（EBV VCA IgG）抗体	100	CLIA	EBV VCA 抗原	国械注准 20163400903
弓形虫 IgG（TOXO IgG）抗体	100	CLIA	TOXO 抗原	国械注准 20163400848
弓形虫 IgM（TOXO IgM）抗体	100	CLIA	TOXO 抗原	国械注准 20163400987
风疹病毒 IgG 抗体	100	CLIA	风疹病毒抗原	国械注准 20163402061
风疹病毒 IgM 抗体	100	CLIA	风疹病毒抗原	国械注准 20163402079
巨细胞病毒 IgG 抗体	100	CLIA	巨细胞病毒抗原	国械注准 20163402085
巨细胞病毒 IgM（CMV IgM）抗体	100	CLIA	CMV 抗原	国械注准 20163400847
Ⅰ、Ⅱ型单纯疱疹病毒 IgG（HSV-1/2 IgG）抗体	100	CLIA	HSV-1/2 抗原	国械注准 20163400910
Ⅰ、Ⅱ型单纯疱疹病毒 IgM（HSV-1/2 IgM）抗体	100	CLIA	HSV-1/2 抗原	国械注准 20163400941
Ⅱ型单纯疱疹病毒 IgG（HSV-2 IgG）	100	CLIA	HSV-2 抗原	国械注准 20163400902

其他检测试剂

试剂名称	规格（人份）	方法	靶抗原	注册证号
层粘连蛋白*（LN）	100	CLIA		粤械注准 20152401134
Ⅳ型胶原（C Ⅳ）	100	CLIA		粤械注准 20162400462
血清透明质酸（HA）	100	CLIA		粤械注准 20152401027
三型前胶原 N 端肽（PⅢP N-P）	100	CLIA		粤械注准 20152401086
甘胆酸（CG）	100	CLIA		粤械注准 20152401119

* 即“层黏连蛋白”

深圳市亚辉龙生物科技股份有限公司

检测试剂

公司简介

深圳市亚辉龙生物科技股份有限公司成立于2008年，主要从事生命健康产业之生物医疗产品的研发、生产、销售和服务，并且专注于自身免疫诊断女性生殖健康领域，拥有大量自主知识产权。公司先后承担了国家级、深圳市等16项重大科技项目，目前企业在研项目超过100项，荣获“深圳市科技进步一等奖”“广东省生物医学工程产业专利优势企业”“中小型诚信企业”“深圳市知识产权优势企业”等荣誉称号。

公司自主研发的中国第一台“超高速吖啶酯直接化学发光仪”、中国第一台“独立单人份全自动感染免疫分析仪”、中国第一台“全自动免疫印迹分析仪”、中国第一台“全自动动态血沉测定仪”及其配套自身免疫、感染类、激素类等体外诊断试剂盒产品。目前拥有专利164项，其中PCT（国际）专利20项、发明专利118项、实用新型专利20项和医疗器械产品注册证230项，并且278个IVD产品通过了CE认证。

产品目录

非特异性免疫检测试剂

试剂名称	英文缩写	规格	方法	注册证号
人中性粒细胞明胶酶相关脂质运载蛋白测定试剂盒	NGAL	20T	免疫荧光层析法	粤械注准 20172401045
降钙素原测定试剂盒	PCT	20T	免疫荧光层析法	粤械注准 20172400824
全程 C 反应蛋白测定试剂盒	hsCRP+CRP	20T	免疫荧光层析法	粤械注准 20172401046
降钙素原 /C 反应蛋白二合测定试剂盒	PCT/CRP	20T	免疫荧光层析法	粤械注准 20172400814
D- 二聚体测定试剂盒	D-dimer	20T	免疫荧光层析法	粤械注准 20172400815
脂蛋白相关磷脂酶 A2 测定试剂盒	Lp-PLA2	20T	免疫荧光层析法	粤械注准 20172401053
类风湿因子 IgG 测定试剂盒	RF IgG	24T 96T	改良船式酶免 ELISA	粤械注准 20152401155
类风湿因子 IgM 测定试剂盒	RF IgM	24T 96T	改良船式酶免 ELISA	粤械注准 20152401152
类风湿因子 IgA 测定试剂盒	RF IgA	24T 96T	改良船式酶免 ELISA	粤械注准 20152401151
类风湿因子 Ig（G，A，M）测定试剂盒	RF Ig（GAM）	24T 96T	改良船式酶免 ELISA	粤械注准 20152401154

自身免疫性疾病检测试剂

试剂名称	英文缩写	规格	方法	注册证号
抗核抗体筛查试剂盒	ANA Screen	24T 96T	改良船式酶免 ELISA	粤械注准 20162400032
抗核抗体 Ig（G、A、M）测定试剂盒	ANA（GAM）	24T 96T	改良船式酶免 ELISA	粤械注准 20152401156
抗双链 DNA 抗体 lgG 测定试剂盒	dsDNA lgG	24T 96T	改良船式酶免 ELISA	粤械注准 20162401093
抗核提取物抗体 -6S 检测试剂盒	ENA 6S	24T 96T	改良船式酶免 ELISA	粤械注准 20162400027
抗 Sm 抗体测定试剂盒	Sm IgG	24T 96T	改良船式酶免 ELISA	粤械注准 20162401096
抗 U1-snRNP 抗体 lgG 测定试剂盒	U1-snRNP lgG	24T 96T	改良船式酶免 ELISA	粤械注准 20152401149
抗核小体抗体 lgG 测定试剂盒	Nueleosome lgG	24T 96T	改良船式酶免 ELISA	粤械注准 20142400104
抗组蛋白抗体 lgG 测定试剂盒	Histone lgG	24T 96T	改良船式酶免 ELISA	粤械注准 20142400110
抗 Clq 抗体 lgG 测定试剂盒	Clq lgG	24T 96T	改良船式酶免 ELISA	粤械注准 20142400103
抗 SSA 抗体测定试剂盒	SSA IgG	24T 96T	改良船式酶免 ELISA	粤械注准 20162401095
抗 SSB 抗体测定试剂盒	SSB IgG	24T 96T	改良船式酶免 ELISA	粤械注准 20162401100
抗 Scl 70 抗体测定试剂盒	Scl 70 IgG	24T 96T	改良船式酶免 ELISA	粤械注准 20162401098
抗 Jo-1 抗体测定试剂盒	Jo-1 IgG	24T 96T	改良船式酶免 ELISA	粤械注准 20162401099
抗肝 / 肾微粒体 1 型抗体测定试剂盒	LKM-1 IgG	24T 96T	改良船式酶免 ELISA	粤械注准 20162400152
抗线粒体抗体 M2 型测定试剂盒	AMA-M2 IgG	24T 96T	改良船式酶免 ELISA	粤械注准 20162400031
抗 Sp100 抗体 IgG 测定试剂盒	Sp100 IgG	24T 96T	改良船式酶免 ELISA	粤械注准 20142400106
抗可溶性肝抗原抗体 IgG 检测试剂盒	SLA IgG	24T 96T	改良船式酶免 ELISA	粤械注准 20142400102
抗环瓜氨酸多肽抗体测定试剂盒	CCP IgG	24T 96T	改良船式酶免 ELISA	粤械注准 20162400264
抗 RA33 抗体 IgG 测定试剂盒	RA33 IgG	24T 96T	改良船式酶免 ELISA	粤械注准 20142400105

续表

试剂名称	英文缩写	规格	方法	注册证号
抗蛋白酶 3 抗体测定试剂盒	PR3 IgG	24T 96T	改良船式酶免 ELISA	粤械注准 20162400028
抗髓过氧化物酶抗体测定试剂盒	MPO IgG	24T 96T	改良船式酶免 ELISA	粤械注准 20162400029
抗肾小球基底膜抗体测定试剂盒	GBM IgG	24T 96T	改良船式酶免 ELISA	粤械注准 20162401097
抗心磷脂抗体 IgG 测定试剂盒	Cardiolipin IgG	24T 96T	改良船式酶免 ELISA	粤械注准 20162401101
抗心磷脂抗体 IgM 测定试剂盒	Cardiolipin IgM	24T 96T	改良船式酶免 ELISA	粤械注准 20162401094
抗心磷脂抗体 IgA 测定试剂盒	Cardiolipin IgA	24T 96T	改良船式酶免 ELISA	粤械注准 20172400993
抗心磷脂抗体 Ig（G，A，M）测定试剂盒	Card iolipinlg（GAM）	24T 96T	改良船式酶免 ELISA	粤械注准 20152401153
抗 β2 糖蛋白抗体 IgG 测定试剂盒	β2 GP I IgG	24T 96T	改良船式酶免 ELISA	粤械注准 20162401102
抗 β2 糖蛋白 I 抗体 Ig（G，A，M）测定试剂盒	β2 GP I Ig（GAM）	24T 96T	改良船式酶免 ELISA	粤械注准 20142400109
抗麦胶蛋白抗体 IgG 测定试剂盒	Gliadin IgG	24T 96T	改良船式酶免 ELISA	粤械注准 20142400107
抗麦胶蛋白抗体 IgA 测定试剂盒	Gliadin IgA	24T 96T	改良船式酶免 ELISA	粤械注准 20142400108
人抗组织转谷氨酞胺酶抗体 IgG 测定试剂盒	tTG IgG	24T 96T	改良船式酶免 ELISA	粤械注准 20172400992
人抗组织转谷氨酞胺酶抗体 IgA 测定试剂盒	tTG IgA	24T 96T	改良船式酶免 ELISA	粤械注准 20172400957
抗甲状腺球蛋白抗体测定试剂盒	TG IgG	24T 96T	改良船式酶免 ELISA	粤械注准 20162400026
抗甲状腺过氧化物酶抗体测定试剂盒	TPO IgG	24T 96T	改良船式酶免 ELISA	粤械注准 20162400030
抗核抗体谱检测试剂盒	ANA-Profile	17S-2-24T	LIA	粤械注准 20142400037
抗核抗体谱检测试剂盒	ANA-Profile	12S-2-24T	LIA	粤械注准 20142400037
抗核抗体谱检测试剂盒	ANA-Profile	8S-A-2-24T	LIA	粤械注准 20142400037
抗核抗体谱检测试剂盒	ANA-Profile	8S-B-2-24T	LIA	粤械注准 20142400037
抗核抗体谱检测试剂盒	ANA-Profile	7S-4T	LIA	粤械注准 20142400037
抗核抗体谱检测试剂盒	ANA-Profile	6S-4T	LIA	粤械注准 20142400037

续表

试剂名称	英文缩写	规格	方法	注册证号
自身免疫性血管炎抗体谱检测试剂盒	Vasculitis-Profile	3S-2-24T	LIA	粤械注准 20142400033
	Vasculitis-Profile	2S-2-24T	LIA	粤械注准 20142400033
自身免疫性肝病抗体谱检测试剂盒	Liver-Profile	6S-24T	LIA	粤械注准 20142400036
自身免疫性肌炎抗体谱检测试剂盒	Myositis-Profile	5S-4T	LIA	粤械注准 20142400034
胃肠疾病抗体谱检测试剂盒	Gastro -Profile	5S-4T	LIA	粤械注准 20142400035
自身抗体筛查试剂盒	AAs Screen- Profile	7S-4T	LIA	粤食药监械（准）字 2014 第 2400408 号
自身免疫性糖尿病抗体谱检测试剂盒	Diabetes-Profile	5S-4T 4S-4T	LIA LIA	粤食药监械（准）字 2014 第 2400401 号
抗核抗体测定试剂盒	ANA	2×50T	CLIA	粤械注准 20152401478
抗双链 DNA 抗体 IgG 测定试剂盒	dsDNA IgG	2×50T	CLIA	粤械注准 20152401352
抗 Sm 抗体 IgG 测定试剂盒	Sm IgG	2×50T	CLIA	粤械注准 20152401367
抗 SS-A 抗体 IgG 测定试剂盒	SS-A IgG	2×50T	CLIA	粤械注准 20152401395
抗 SS-B 抗体 IgG 测定试剂盒	SS-B IgG	2×50T	CLIA	粤械注准 20152401405
抗核糖核蛋白 70 抗体 IgG 测定试剂盒	RNP70 IgG	2×50T	CLIA	粤械注准 20152401365
抗 Jo-1 抗体 IgG 测定试剂盒	Jo-1 IgG	2×50T	CLIA	粤械注准 20152401353
抗 Scl-70 抗体 IgG 测定试剂盒	Scl-70 IgG	2×50T	CLIA	粤械注准 20152401402
类风湿因子 IgG 测定试剂盒	RF IgG	2×50T	CLIA	粤械注准 20152401394
类风湿因子 IgM 测定试剂盒	RF IgM	2×50T	CLIA	粤械注准 20152401393
类风湿因子测定试剂盒	RF	2×50T	CLIA	粤械注准 20152401343
抗环瓜氨酸多肽抗体测定试剂盒	Anti-CCP	2×50T	CLIA	粤械注准 20152401348
抗 RA33 抗体 IgG 测定试剂盒	Ra33 IgG	2×50T	CLIA	粤械注准 20152401392
抗心磷脂抗体 IgA 测定试剂盒	Cardiolipin IgA	2×50T	CLIA	粤械注准 20172400864
抗心磷脂抗体 IgG 测定试剂盒	Cardiolipin IgG	2×50T	CLIA	粤械注准 20152401400
抗心磷脂抗体 IgM 测定试剂盒	Cardiolipin IgM	2×50T	CLIA	粤械注准 20152401397
抗心磷脂抗体测定试剂盒	Anti-Cardiolipin	2×50T	CLIA	粤械注准 20152401342
抗 β2 糖蛋白 I 抗体 IgM 测定试剂盒	β2-Glycoprotein I IgM	2×50T	CLIA	粤械注准 20172400862
抗 β2 糖蛋白 I 抗体 IgA 测定试剂盒	β2-Glycoprotein I IgA	2×50T	CLIA	粤械注准 20172400863
抗 β2 糖蛋白 I 抗体 IgG 测定试剂盒	β2-Glycoprotein I IgG	2×50T	CLIA	粤械注准 20152401396

续表

试剂名称	英文缩写	规格	方法	注册证号
抗 β2 糖蛋白 I 抗体测定试剂盒	Anti-β2-Glycoprotein I	2×50T	CLIA	粤械注准 20152401354
抗线粒体抗体 M2 型检测试剂盒	AMA-M2	2×50T	CLIA	粤械注准 20152401349
抗平滑肌抗体 IgG 检测试剂盒	SMA IgG	2×50T	CLIA	粤械注准 20152401361
抗髓过氧化物酶抗体 IgG 检测试剂盒	MPO IgG	2×50T	CLIA	粤械注准 20152401348
抗蛋白酶 3 抗体 IgG 检测试剂盒	Proteinase 3 IgG	2×50T	CLIA	粤械注准 20152401351
抗肾小球基底膜抗体 IgG 检测试剂盒	GBM IgG	2×50T	CLIA	粤械注准 20152401341
谷氨酸脱羧酶抗体检测试剂盒	GADA	2×50T	CLIA	粤械注准 20152401346
胰岛素自身抗体检测试剂盒	IAA	2×50T	CLIA	粤械注准 20152401307
酪氨酸磷酸酶抗体检测试剂盒	IA-2A	2×50T	CLIA	粤械注准 20152401359
胰岛细胞抗体检测试剂盒	ICA	2×50T	CLIA	粤械注准 20152401399
锌转运蛋白 8 抗体检测试剂盒	ZnT8A	2×50T	CLIA	粤械注准 20162400202
甲状腺球蛋白抗体测定试剂盒	Anti-Tg	2×50T	CLIA	粤械注准 20152401345
甲状腺过氧化物酶抗体测定试剂盒	Anti-TPO	2×50T	CLIA	粤械注准 20152401344
促甲状腺激素受体抗体测定试剂盒	Anti-TSHR	2×50T	CLIA	粤械注准 20152400026

肿瘤免疫检测试剂

试剂名称	英文缩写	规格	方法	注册证号
妊娠相关蛋白 A 测定试剂盒	PAPP-A	20T	免疫荧光层析法	粤械注准 20172401056
甲胎蛋白测定试剂盒	AFP	2×50T	CLIA	国械注准 20173400756
癌胚抗原测定试剂盒	CEA	2×50T	CLIA	国械注准 20173400974
癌抗原 125 测定试剂盒	CA 125	2×50T	CLIA	国械注准 20173401307
癌抗原 15-3 测定试剂盒	CA 15-3	2×50T	CLIA	国械注准 20173400969
糖类抗原 19-9 测定试剂盒	CA 19-9	2×50T	CLIA	国械注准 20173400759
游离前列腺特异性抗原测定试剂盒	Free PSA	2×50T	CLIA	国械注准 20173401306
总前列腺特异性抗原测定试剂盒	Total PSA	2×50T	CLIA	国械注准 20173401342
细胞角蛋白 19 片段测定试剂盒	CYFRA 21-1	2×50T	CLIA	国械注准 20173400760
神经元特异性烯醇化酶测定试剂盒	NSE	2×50T	CLIA	国械注准 20173401349
胃蛋白酶原 I 测定试剂盒	Pepsinogen I	2×50T	CLIA	国械注准 20152401364
胃蛋白酶原 II 测定试剂盒	Pepsinogen II	2×50T	CLIA	国械注准 20152401357
妊娠相关蛋白 A 测定试剂盒	PAPP-A	2×50T	CLIA	粤械注准 20152401360

续表

试剂名称	英文缩写	规格	方法	注册证号
人绒毛膜促性腺激素测定试剂盒	HCG	2 × 50T	CLIA	粤械注准 20152401468
铁蛋白	Ferritin	2 × 50T	CLIA	粤械注准 20172400827

感染免疫检测试剂

试剂名称	英文缩写	规格	方法	注册证号
EB 病毒衣壳抗原 IgG 杭体检测试剂盒	EB VCA IgG	36T 96T	改良船式酶免 ELISA	国械注准 20153400186
EB 病毒衣壳抗原 IgM 抗体检测试剂盒	EB VCA IgM	36T 96T	改良船式酶免 ELISA	国械注准 20153400188
EB 病毒核心抗原 IgG 抗体检测试剂盒	EB NA IgG	36T 96T	改良船式酶免 ELISA	国械注准 20153400184
EB 病毒早期抗原 IgM 抗体检测试剂盒	EB EA IgM	36T 96T	改良船式酶免 ELISA	国械注准 20153400183
肺炎支原体抗体 IgG 测定试剂盒	*Mycoplasma pn.* IgG	36T 96T	改良船式酶免 ELISA	国械注准 20153400187
肺炎支原体抗体 IgM 检测试剂盒	*Mycoplasma pn.* IgM	36T 96T	改良船式酶免 ELISA	国械注准 20153400185
肺炎支原体 IgG 检测试剂盒	Mycoplasma pn. IgG	2 × 50T	CLIA	国械注准 20173400748
肺炎支原体 IgM 检测试剂盒	Mycoplasma pn. IgM	2 × 50T	CLIA	国械注准 20173400758
肺炎衣原体 IgG 检测试剂盒	Chlamydia pn. IgG	2 × 50T	CLIA	国械注准 20173401310
肺炎衣原体 IgM 检测试剂盒	Chlamydia pn. IgM	2 × 50T	CLIA	国械注准 20173401347
EB 病毒核心抗原 IgG 抗体检测试剂盒	EB NA IgG	2 × 50T	CLIA	国械注准 20173400971
EB 病毒核心抗原 IgA 抗体检测试剂盒	EB NA IgA	2 × 50T	CLIA	国械注准 20173400757
EB 病毒衣壳抗原 IgG 抗体检测试剂盒	EB VCA IgG	2 × 50T	CLIA	国械注准 20173400973
EB 病毒衣壳抗原 IgM 抗体检测试剂盒	EB VCA IgM	2 × 50T	CLIA	国械注准 20173401304
EB 病毒衣壳抗原 IgA 抗体检测试剂盒	EB VCA IgA	2 × 50T	CLIA	国械注准 20173401305
EB 病毒早期抗原 IgM 检测试剂盒	EB EA IgM	2 × 50T	CLIA	国械注准 20173400749
弓形虫 IgG 抗体检测试剂盒	Toxo IgG	2 × 50T	CLIA	国械注准 20173400751
弓形虫 IgM 抗体检测试剂盒	Toxo IgM	2 × 50T	CLIA	国械注准 20173401311
风疹病毒 IgG 抗体检测试剂盒	Rubella IgG	2 × 50T	CLIA	国械注准 20173400754
风疹病毒 IgM 抗体检测试剂盒	Rubella IgM	2 × 50T	CLIA	国械注准 20173401348
巨细胞病毒 IgG 抗体检测试剂盒	CMV IgG	2 × 50T	CLIA	国械注准 20173400750
巨细胞病毒 IgM 抗体检测试剂盒	CMV IgM	2 × 50T	CLIA	国械注准 20173401344

续表

试剂名称	英文缩写	规格	方法	注册证号
单纯疱疹病毒Ⅰ型 IgG 抗体检测试剂盒	HSV-1 IgG	2×50T	CLIA	国械注准 20173401308
单纯疱疹病毒Ⅰ型 IgM 抗体检测试剂盒	HSV-1 IgM	2×50T	CLIA	国械注准 20173401313
单纯疱疹病毒Ⅱ型 IgG 抗体检测试剂盒	HSV-2 IgG	2×50T	CLIA	国械注准 20173401309
单纯疱疹病毒Ⅱ型 IgM 抗体检测试剂盒	HSV-2 IgM	2×50T	CLIA	国械注准 20173401312
乙型肝炎病毒表面抗原测定试剂盒	HBsAg	2×50T	CLIA	国械注准 20173400972
乙型肝炎病毒表面抗体测定试剂盒	Anti-HBs	2×50T	CLIA	国械注准 20173401416
乙型肝炎病毒 e 抗原检测试剂盒	HBeAg	2×50T	CLIA	国械注准 20173401414
乙型肝炎病毒 e 抗体检测试剂盒	Anti-HBe	2×50T	CLIA	国械注准 20173401420
乙型肝炎病毒核心抗体检测试剂盒	Anti-HBc	2×50T	CLIA	国械注准 20173400752
人类免疫缺陷病毒抗原抗体检测试剂盒	HIV Combo	2×50T	CLIA	国械注准 20173401514
梅毒螺旋体抗体检测试剂盒	Anti-TP	2×50T	CLIA	国械注准 20173400027
丙型肝炎病毒 IgG 抗体检测试剂盒	Anti-HCV	2×50T	CLIA	国械注准 20173401395

其他检测试剂

试剂名称	英文缩写	规格	方法	项目编码
抗缪勒氏管激素*测定试剂盒	AMH	20T	免疫荧光层析法	粤械注准 20172401055
抗缪勒氏管激素*测定试剂盒	AMH	24T	改良船式酶免	粤械注准 20152400859
抗缪勒氏管激素*测定试剂盒	AMH	2×50T	CLIA	粤械注准 20152401355
血清透明质酸测定试剂盒	HA	2×50T	CLIA	粤械注准 20172400859
Ⅲ型前胶原 N 端肽测定试剂盒	PⅢPN-P	2×50T	CLIA	粤械注准 20172400860
Ⅳ型胶原测定试剂盒	CoI IV	2×50T	CLIA	粤械注准 20172400811
层粘连蛋白#测定试剂盒	LN	2×50T	CLIA	粤械注准 20172400820

* 即“抗缪勒管激素”

即“层黏连蛋白”

厦门拜尔杰生物科技有限公司

检测试剂

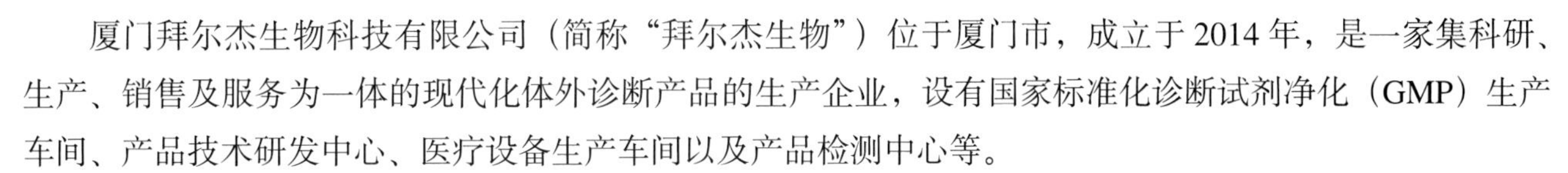

公司简介

厦门拜尔杰生物科技有限公司（简称“拜尔杰生物”）位于厦门市，成立于2014年，是一家集科研、生产、销售及服务为一体的现代化体外诊断产品的生产企业，设有国家标准化诊断试剂净化（GMP）生产车间、产品技术研发中心、医疗设备生产车间以及产品检测中心等。

公司目前主要生产全自动宫颈癌检查设备及配套诊断试剂，用于妇科疾病诊断。公司在液基细胞学技术、微生物分析技术等产品的研发方面取得了多项技术突破。不孕不育联合检测试剂盒和抗核抗体联合检测试剂盒目前已取得二类生产许可证，产品已投入生产并已销售。

公司地址：厦门海沧区翁角西路2026号生物医药产业园A7幢

联系电话：0592-6315318

产品目录

自身免疫性疾病检测试剂

试剂名称	规格（人份）	方法	靶抗原	注册证号
抗核抗体联合检测试剂盒	10，20	Dot-elisa	Histones、SMD1、U1-snRNP、SSA-52、SSA-60、SSB、SCL-70、Centromere B、Jo-1、dsDNA、核糖体P蛋白、核小体、PCNA、AMA-M2、PM/Scl、Mi-2	闽械注准20162400105
不孕不育联合检测试剂盒	10，20	Dot-elisa	精子、子宫内膜、滋养层细胞、卵巢、透明带、心磷脂、HCG	闽械注准20162400106

雅培诊断

检测试剂

公司简介

雅培诊断是体外诊断领域的全球领导者，面向医院、商业实验室、血站等提供各种创新的仪器系统和检测方法。雅培诊断专注于疾病的早期发现、诊断、治疗监测全过程，为实验室提供前处理、自动化、生化、免疫、血液学和信息化产品等完整解决方案。全球多个国家正在使用雅培诊断的产品，客户可以实现自动化检验，方便快捷，经济高效，灵活机动。

公司网址：http：//www.abbott.com.cn/

联系电话：021-23204300

产品目录

非特异性免疫检测试剂

试剂名称	规格（人份）	方法	注册证号
尿中性粒细胞明胶酶相关脂质运载蛋白	1×100 测试 / 盒，1×500 测试 / 盒	化学发光微粒子免疫检测法	国械注进 20172400012

自身免疫性疾病检测试剂

试剂名称	规格（人份）	方法	注册证号
抗环状胍氨酸多肽抗体	1×100 测试 / 盒，1×500 测试 / 盒	化学发光微粒子免疫检测法	国械注进 20172400428
甲状腺过氧化物酶抗体	4×100 测试 / 盒、1×100 测试 / 盒	化学发光微粒子免疫检测法	国械注进 20162404548
甲状腺球蛋白抗体	4×100 测试 / 盒、1×100 测试 / 盒	化学发光微粒子免疫检测法	国械注进 20162404547

肿瘤免疫检测试剂

试剂名称	规格（人份）	方法	注册证号
铁蛋白	1×100 测试 / 盒，4×500 测试 / 盒，1×500 测试 / 盒	化学发光微粒子免疫检测法	CFDA（I）20142404427
甲胎蛋白	1×100 测试 / 盒，4×100 测试 / 盒、4×500 测试 / 盒	化学发光微粒子免疫检测法	国械注进 20163402877
癌抗原 125	1×100 测试 / 盒，4×100 测试 / 盒、1×500 测试 / 盒	化学发光微粒子免疫检测法	国械注进 20153400334
癌抗原 15-3	1×100 测试 / 盒、4×100 测试 / 盒、1×500 测试 / 盒	化学发光微粒子免疫检测法	国械注进 20153400576
糖类抗原 19-9	1×100 测试 / 盒，4×100 测试 / 盒、1×500 测试 / 盒	化学发光微粒子免疫检测法	国械注进 20153400310

续表

试剂名称	规格（人份）	方法	注册证号
癌胚抗原	4×100 测试 / 盒，1×100 测试 / 盒，4×500 测试 / 盒	化学发光微粒子免疫检测法	国械注进 20153400293
异常凝血酶原（PIVKA-Ⅱ）	1×100 测试 / 盒，1×500 测试 / 盒	化学发光微粒子免疫检测法	国械注进 20163401514
游离前列腺特异性抗原	4×100 测试 / 盒，1×100 测试 / 盒	化学发光微粒子免疫检测法	CFDA（I）20143404857
鳞状上皮细胞癌抗原	1×100 测试 / 盒，4×500 测试 / 盒	化学发光微粒子免疫检测法	CFDA（I）20143404868
人附睾蛋白 4	1×100 测试 / 盒	化学发光微粒子免疫检测法	CFDA（I）20143404856
胃蛋白酶原Ⅰ	1×100 测试 / 盒，1×500 测试 / 盒	化学发光微粒子免疫检测法	国械注进 20173400651
胃蛋白酶原Ⅱ	1×100 测试 / 盒，1×500 测试 / 盒	化学发光微粒子免疫检测法	国械注进 20173400650
胃泌素释放肽前体	1×100 测试 / 盒	化学发光微粒子免疫检测法	国械注进 20173400799
细胞角蛋白 19 片段	1×100 测试 / 盒	化学发光微粒子免疫检测法	CFDA（I）20143404262
总前列腺特异性抗原	4×100 测试 / 盒，1×100 测试 / 盒，4×500 测试 / 盒，500 测试 / 盒	化学发光微粒子免疫检测法	国械注进 20143405039 号
总 β 人绒毛膜促性腺激素	1×100 测试 / 盒，4×500 测试 / 盒，500 测试 / 盒	化学发光微粒子免疫检测法	国械注进 20162404234

感染免疫检测试剂

试剂名称	规格（人份）	方法	注册证号
甲型肝炎病毒 IgG 抗体	4×100 测试 / 盒，1×100 测试 / 盒	化学发光微粒子免疫检测法	国械注进 20163402553
甲型肝炎病毒 IgM 抗体	4×100 测试 / 盒，1×100 测试 / 盒	化学发光微粒子免疫检测法	国械注进 20163402549
乙型肝炎病毒 e 抗体	1×100 测试 / 盒，4×100 测试 / 盒、1×500 测试 / 盒	化学发光微粒子免疫检测法	国械注进 20163402561
乙型肝炎病毒 e 抗原	1×100 测试 / 盒，1×500 测试 / 盒	化学发光微粒子免疫检测法	国械注进 20163402547
乙型肝炎病毒表面抗体	手工稀释 7C18-27：1×100 测试 / 盒 7C18-34：4×500 测试 / 盒 7C18-37：1×500 测试 / 盒自动稀释 7C18-28：1×100 测试 / 盒 7C18-38：1×500 测试 / 盒	化学发光微粒子免疫检测法	国械注进 20163402611
乙型肝炎病毒表面抗原	1×100 测试 / 盒，4×500 测试 / 盒，1×500 测试 / 盒	化学发光微粒子免疫检测法	国械注进 20163401717
乙型肝炎病毒表面抗原定量	1×100 测试 / 盒、4×100 测试 / 盒、4×500 测试 / 盒	化学发光微粒子免疫检测法	国械注进 20153400665
乙型肝炎病毒表面抗原确认	1×100 测试 / 盒（50 次确认）	化学发光微粒子免疫检测法	国械注进 20163401143
乙型肝炎病毒核心抗体 IgM	1×100 测试 / 盒，4×100 测试 / 盒	化学发光微粒子免疫检测法	国械注进 20163401733

续表

试剂名称	规格（人份）	方法	注册证号
乙型肝炎病毒核心抗体	ARCHITECT：1 × 100 测试 / 盒，4 × 500 测试 / 盒，1 × 500 测试 / 盒	化学发光微粒子免疫检测法	国械注进 20163401741
丙型肝炎病毒抗体	4 × 100 测试 / 盒，1 × 100 测试 / 盒，4 × 500 测试 / 盒，1 × 500 测试 / 盒	化学发光微粒子免疫检测法	国械注进 20163401718
丙型肝炎病毒抗原	1 × 100 测试 / 盒	化学发光微粒子免疫检测法	国械注进 20163404448
梅毒螺旋体抗体	1 × 100 测试 / 盒，1 × 500 测试 / 盒	化学发光微粒子免疫检测法	国械注进 20163402328
人类免疫缺陷病毒抗原及抗体联合	1 × 100 测试 / 盒，1 × 500 测试 / 盒，4 × 500 测试 / 盒	化学发光微粒子免疫检测法	CFDA（I）20143404485
弓形体 IgG	1 × 100 测试 / 盒，1 × 500 测试 / 盒	化学发光微粒子免疫检测法	国械注进 20163401398
弓形体 IgG 亲和力	1 × 100 测试 / 盒（50 次亲和力测试）	化学发光微粒子免疫检测法	国械注进 20163404015
弓形体 IgM	1 × 100 测试 / 盒，1 × 500 测试 / 盒	化学发光微粒子免疫检测法	国械注进 20163401701
巨细胞病毒 IgG	1 × 100 测试 / 盒，4 × 100 测试 / 盒，1 × 500 测试 / 盒	化学发光微粒子免疫检测法	国械注进 20153403560
巨细胞病毒 IgG 亲和力	1 × 100 测试 / 盒（50 次亲和力测试）	化学发光微粒子免疫检测法	国械注进 20163404014
巨细胞病毒 IgM	4 × 100 测试 / 盒，1 × 100 测试 / 盒，1 × 500 测试 / 盒	化学发光微粒子免疫检测法	国械注进 20163400555
风疹病毒 IgG	1 × 100 测试 / 盒，1 × 500 测试 / 盒	化学发光微粒子免疫检测法	国械注进 20163401700
风疹病毒 IgM	1 × 100 测试 / 盒	化学发光微粒子免疫检测法	国械注进 20153403681

浙江爱康生物科技有限公司

检测试剂

公司简介

浙江爱康生物科技有限公司创立于2004年，是一家集研发、生产、销售以及技术服务于一体的体外诊断试剂公司。近年来，公司相继被评为“国家高新技术企业”“浙江省科技型企业”“专利示范企业”“安全生产标准化企业”，建立了市级体外诊断试剂研发中心。公司产品已达百余种，涵盖生化、微生物、血细胞试剂等多个领域。并建立了一套完善、科学的管理体系，包括产品研发体系，知识管理体系，质量管理体系和售后服务体系。

公司网址： http：//www.zjikon.com

联系电话： 0575-86297606，86297458，86092886，86021555

咨询热线： 4008762378

产品目录

非特异性免疫检测试剂

试剂名称	规格（ml）	方法	注册证号
C反应蛋白测定试剂盒	R1：40ml×1，R2：10ml×1 R1：40ml×2，R2：10ml×2 R1：60ml×1，R2：15ml×1 R1：60ml×2，R2：15ml×2 R1：80ml×1，R2：20ml×1 R1：80ml×2，R2：20ml×2 R1：4ml×4×10，R2：4ml×1×10 R1：4ml×4×12，R2：4ml×1×12	胶乳增强免疫比浊法	浙械注准20152400973
D-二聚体测定试剂盒	R1：30ml×1，R2：10ml×1 R1：30ml×2，R2：10ml×2 R1：45ml×1，R2：15ml×1 R1：45ml×2，R2：15ml×2 R1：60ml×1，R2：20ml×1 R1：60ml×2，R2：20ml×2 R1：4.5ml×4×10，R2：3ml×2×10 R1：4.5ml×4×12，R2：3ml×2×12	胶乳免疫比浊法	浙械注准20152400976
超敏C反应蛋白测定试剂盒	R1：40ml×1，R2：10ml×1 R1：40ml×2，R2：10ml×2 R1：60ml×1，R2：15ml×1 R1：60ml×2，R2：15ml×2 R1：80ml×1，R2：20ml×1 R1：80ml×2，R2：20ml×2 R1：4ml×4×10 R2：4ml×1×10 R1：4ml×4×12 R2：4ml×1×12	胶乳增强免疫比浊法	浙械注准20152401031

续表

试剂名称	规格（ml）	方法	注册证号
抗链球菌溶血素"O"测定试剂盒	R1：40ml×1，R2：10ml×1 R1：40ml×2，R2：10ml×2 R1：60ml×1，R2：15ml×1 R1：60ml×2，R2：15ml×2 R1：80ml×1，R2：20ml×1 R1：80ml×2，R2：20ml×2 R1：4ml×4×10，R2：4ml×1×10 R1：4ml×4×12，R2：4ml×1×12	胶乳免疫比浊法	浙械注准 20152401037
类风湿因子测定试剂盒	R1：40ml×1，R2：10ml×1 R1：40ml×2，R2：10ml×2 R1：60ml×1，R2：15ml×1 R1：60ml×2，R2：15ml×2 R1：80ml×1，R2：20ml×1 R1：80ml×2，R2：20ml×2 R1：4ml×4×10，R2：4ml×1×10 R1：4ml×4×12，R2：4ml×1×12	胶乳免疫比浊法	浙械注准 20152401038
纤维结合蛋白测定试剂盒	R：40ml×1，R：50ml×1，R：60ml×1 R：60ml×4，R：60ml×2，R：80ml×1 R：80ml×2，R：100ml×2 R：4ml×6×10，R：4ml×6×12 校准品（可选购）： 1.0ml×1，0.5ml×1 质控品（可选购）： 1.0ml×1，2.0ml×1 0.5ml×1	胶乳增强免疫比浊法	浙械注准 20162400768
B 因子测定试剂盒	R：40ml×1，R：50ml×1，R：60ml×1 R：60ml×2，R：60ml×4，R：80ml×1 R：80ml×2，R：100ml×2 R：4ml×6×10，R：4ml×6×12	胶乳增强免疫比浊法	浙械注准 20162400823
降钙素原测定试剂盒	R1：40ml×1，R2：10ml×1 R1：60ml×1，R2：15ml×1 R1：30ml×1，R2：10ml×1 R1：60ml×4，R2：60ml×1 R1：60ml×2，R2：15ml×2 R1：60ml×2，R2：20ml×2 R1：60ml×3，R2：60ml×1 R1：80ml×1，R2：20ml×1 R1：80ml×2，R2：20ml×2 R1：4ml×4×10，R2：4ml×1×10 R1：4ml×4×12，R2：4ml×1×12 校准品（可选购）： 1.0ml×1，1.0ml×5，0.4ml×5 质控品（可选购）： 1.0ml×1，3.0ml×1，0.4ml×1 1.0ml×2，3.0ml×2，0.4ml×2	胶乳增强免疫比浊法	浙械注准 20162400826

续表

试剂名称	规格（ml）	方法	注册证号
纤维蛋白（原）降解产物测定试剂盒	R1：30ml×1，R2：10ml×1 R1：20ml×1，R2：20ml×1 R1：60ml×1，R2：60ml×1 R1：60ml×3，R2：60ml×1 R1：60ml×1，R2：20ml×1 R1：60ml×2，R2：60ml×2 R1：60ml×2，R2：20ml×2 R1：20ml×2，R2：20ml×2 R1：4.5ml×4×10，R2：3ml×2×10 R1：4.5ml×4×12，R2：3ml×2×12 校准品（可选购）：1.0ml×1 质控品（可选购）： 1.0ml×1，2.0ml×1，0.4ml×1	胶乳增强免疫比浊法	浙械注准 20162400836
转铁蛋白测定试剂盒	R1：30ml×1，R2：10ml×1 R1：45ml×1，R2：15ml×1 R1：60ml×3，R2：60ml×1 R1：60ml×1，R2：20ml×1 R1：60ml×2，R2：20ml×2 R1：4.5ml×4×10，R2：3ml×2×10 R1：4.5ml×4×12，R2：3ml×2×12 校准品（可选购）： 0.5ml×4，1.0ml×4，1.0ml×1 质控品（可选购）： 0.5ml×1，0.5ml×2，0.5ml×3， 1.0ml×1，1.0ml×2，1.0ml×3	免疫比浊法	浙械注准 20162400837
补体 C3 测定试剂盒	R1：50ml×1，R2：10ml×1 R1：25ml×1，R2：5ml×1， R1：30ml×1，R2：10ml×1 R1：60ml×3，R2：60ml×1 R1：50ml×2，R2：10ml×2， R1：60ml×1，R2：20ml×1 R1：100ml×2，R2：20ml×2， R1：60ml×2，R2：20ml×2 R1：4.5ml×4×10，R2：3ml×2×10 R1：4.5ml×4×12，R2：3ml×2×12 校准品（可选购）：1.0ml×1， 质控品（可选购）： 1.0ml×1，2.0ml×1，0.5ml×1	免疫比浊法	浙械注准 20172400477
纤维蛋白原测定试剂盒	R1：30ml×1，R2：10ml×1 R1：45ml×1，R2：15ml×1 R1：60ml×3，R2：60ml×1 R1：60ml×1，R2：20ml×1 R1：60ml×2，R2：20ml×2 R1：4.5ml×4×10，R2：3ml×2×10 R1：4.5ml×4×12，R2：3ml×2×12 校准品（可选购）：1.0ml×1， 质控品（可选购）： 1.0ml×1，2.0ml×1，0.4ml×1	胶乳增强免疫比浊法	浙械注准 20172400478

续表

试剂名称	规格（ml）	方法	注册证号
免疫球蛋白 IgG 测定试剂盒	R1：50ml×1，R2：10ml×1 R1：25ml×1，R2：5ml×1， R1：30ml×1，R2：10ml×1 R1：60ml×3，R2：60ml×1 R1：50ml×2，R2：10ml×2， R1：60ml×1，R2：20ml×1 R1：100ml×2，R2：20ml×2， R1：60ml×2，R2：20ml×2 R1：4.5ml×4×10，R2：3ml×2×10 R1：4.5ml×4×12，R2：3ml×2×12 校准品（可选购）：1.0ml×1， 质控品（可选购）： 1.0ml×1，2.0ml×1，0.5ml×1	免疫比浊法	浙械注准 20172400481
补体 C4 测定试剂盒	R1：50ml×1，R2：10ml×1 R1：25ml×1，R2：5ml×1， R1：30ml×1，R2：10ml×1 R1：60ml×3，R2：60ml×1 R1：50ml×2，R2：10ml×2， R1：60ml×1，R2：20ml×1 1：100ml×2，R2：20ml×2， R1：60ml×2，R2：20ml×2 R1：4.5ml×4×10，R2：3ml×2×10 R1：4.5ml×4×12，R2：3ml×2×12 校准品（可选购）：1.0ml×1， 质控品（可选购）： 1.0ml×1，2.0ml×1，0.5ml×1	免疫比浊法	浙械注准 20172400482
免疫球蛋白 IgM 测定试剂盒	R1：50ml×1，R2：10ml×1 R1：25ml×1，R2：5ml×1， R1：30ml×1，R2：10ml×1 R1：60ml×3，R2：60ml×1 R1：50ml×2，R2：10ml×2， R1：60ml×1，R2：20ml×1 R1：100ml×2，R2：20ml×2， R1：60ml×2，R2：20ml×2 R1：4.5ml×4×10，R2：3ml×2×10 R1：4.5ml×4×12，R2：3ml×2×12 校准品（可选购）：1.0ml×1 质控品（可选购）： 1.0ml×1，2.0ml×1，0.5ml×1	免疫比浊法	浙械注准 20172400483
免疫球蛋白 IgA 测定试剂盒	R1：50ml×1，R2：10ml×1 R1：25ml×1，R2：5ml×1， R1：30ml×1，R2：10ml×1 R1：60ml×3，R2：60ml×1 R1：50ml×2，R2：10ml×2， R1：60ml×1，R2：20ml×1 R1：100ml×2，R2：20ml×2， R1：60ml×2，R2：20ml×2 R1：4.5ml×4×10，R2：3ml×2×10 R1：4.5ml×4×12，R2：3ml×2×12 校准品（可选购）：1.0ml×1， 质控品（可选购）： 1.0ml×1，2.0ml×1，0.5ml×1	免疫比浊法	浙械注准 20172400484

续表

试剂名称	规格（ml）	方法	注册证号
血清淀粉样蛋白A测定试剂盒	R1：50ml×1，R2：10ml×1 R1：45ml×2，R2：15ml×2， R1：40ml×2，R2：10ml×2 R1：60ml×1，R2：20ml×1， R1：60ml×2，R2：20ml×2 R1：60ml×1，R2：15ml×1， R1：60ml×2，R2：15ml×2 R1：25ml×1，R2：5ml×1， R1：50ml×2，R2：10ml×2 R1：4ml×5×10，R2：4ml×1×10 R1：4ml×5×12，R2：4ml×1×12 R1：4ml×4×10，R2：4ml×1×10 R1：4ml×4×12，R2：4ml×1×12 校准品（可选购）： 1.0ml×1，0.5ml×5，0.5ml×6 质控品（可选购）： 1.0ml×2，1.0ml×1， 0.5ml×2，0.5ml×1	胶乳增强免疫比浊法	浙械注准 20172400783
髓过氧化物酶测定试剂盒	R1：30ml×1，R2：10ml×1 R1：45ml×2，R2：15ml×2， R1：40ml×2，R2：10ml×2 R1：60ml×1，R2：20ml×1， R1：60ml×2，R2：20ml×2 R1：60ml×1，R2：15ml×1， R1：60ml×2，R2：15ml×2 R1：50ml×1，R2：10ml×1， R1：50ml×2，R2：10ml×2 R1：4.5ml×4×10，R2：3ml×2×10 R1：4.5ml×4×12，R2：3ml×2×12 校准品（可选购）： 1.0ml×1，0.5ml×5，0.5ml×6 质控品（可选购）： 1.0ml×2，1.0ml×1， 0.5ml×2，0.5ml×1	胶乳增强免疫比浊法	浙械注准 20172400762

自身免疫性疾病检测试剂

试剂名称	规格（ml）	方法	注册证号
抗环瓜氨酸肽抗体测定试剂盒	R1：30ml×1，R2：10ml×1 R1：45ml×2，R2：15ml×2， R1：40ml×2，R2：10ml×2 R1：60ml×1，R2：20ml×1， R1：60ml×2，R2：20ml×2 R1：60ml×1，R2：15ml×1， R1：60ml×2，R2：15ml×2 R1：50ml×1，R2：10ml×1， R1：50ml×2，R2：10ml×2 R1：4.5ml×4×10，R2：3ml×2×10 R1：4.5ml×4×12，R2：3ml×2×12 校准品（可选购）： 1.0ml×1，0.5ml×5，0.5ml×6 质控品（可选购）： 1.0ml×2，1.0ml×1， 0.5ml×2，0.5ml×1	胶乳增强免疫比浊法	浙械注准 20172400775

肿瘤免疫检测试剂

试剂名称	规格（ml）	方法	注册证号
β2- 微球蛋白测定试剂盒	R1：40ml×1，R2：10ml×1 R1：40ml×2，R2：10ml×2 R1：60ml×1，R2：15ml×1 R1：60ml×2，R2：15ml×2 R1：80ml×1，R2：20ml×1 R1：80ml×2，R2：20ml×2 R1：4ml×4×10，R2：4ml×1×10 R1：4ml×4×12，R2：4ml×1×12	胶乳增强免疫比浊法	浙械注准 20152400979
胃蛋白酶原Ⅱ测定试剂盒	R1：30ml×1，R2：10ml×1 R1：27ml×1，R2：5ml×1 R1：54ml×1，R2：10ml×1 R1：54ml×2，R2：10ml×2 R1：108ml×2，R2：20ml×2 R1：81ml×2，R2：15ml×2 R1：3.6ml×3×10，R2：2ml×1×10 R1：3.6ml×3×12，R2：2ml×1×12	胶乳增强免疫比浊法	浙械注准 20162400775
胃蛋白酶原Ⅰ测定试剂盒	R1：30ml×1，R2：10ml×1 R1：27ml×1，R2：5ml×1 R1：54ml×1，R2：10ml×1 R1：54ml×2，R2：10ml×2 R1：108ml×2，R2：20ml×2 R1：81ml×2，R2：15ml×2 R1：3.6ml×3×10，R2：2ml×1×10 R1：3.6ml×3×12，R2：2ml×1×12	胶乳增强免疫比浊法	浙械注准 20162400776

续表

试剂名称	规格（ml）	方法	注册证号
铁蛋白测定试剂盒	R1：30ml × 1，R2：10ml × 1 R1：45ml × 1，R2：15ml × 1 R1：60ml × 3，R2：60ml × 1 R1：60ml × 1，R2：20ml × 1 R1：60ml × 2，R2：20ml × 2 R1：4.5ml × 4 × 10，R2：3ml × 2 × 10 R1：4.5ml × 4 × 12，R2：3ml × 2 × 12 校准品（可选购）： 0.5ml × 4，1.0ml × 4，1.0ml × 1 质控品（可选购）： 0.5ml × 1，0.5ml × 2，0.5ml × 3 1.0ml × 1，1.0ml × 2，1.0ml × 3	免疫比浊法	浙械注准 20172400776

浙江达美生物技术有限公司

检测试剂

公司简介

浙江达美生物技术有限公司成立于2013年，是一家专注于生物技术的科技型企业，公司坐落于具有“水乡”之称的绍兴。主要为生物技术领域提供产品和技术支持。

达美生物与绍兴文理学院成立了体外诊断试剂共建实验室，其标准在国内堪称一流。在扎实的硬件基础上，达美也非常重视人才引进，达美拥有一支专业化的技术团队，团队成员在检测试剂领域有着多年从业经验；并拥有顶尖的博士顾问团，博士顾问团成员来自于纽约科技大学、佛罗里达州立大学、香港科技大学、华中科技大学、浙江工业大学等，顾问团成员长期从事蛋白质表达与纯化研究；酶的基因选择技术和基因优化技术的研究；抗体的发酵、提取及纯化、保存技术方面的研究。

公司地址：浙江省绍兴市曹江路4号5幢

公司网址：www.delta-ivd.com

电　　话：0575-85852228，4008802278

产品目录

非特异性免疫检测试剂

产品名称	英文简称	规格	注册证号
超敏C-反应蛋白测定试剂盒（胶乳增强免疫比浊法）	HS-CRP	R1：60ml×4，R2：60ml×1	浙械注准20172400589
抗链球菌溶血素“O”测定试剂盒（胶乳免疫比浊法）	ASO	R1：60ml×4，R2：60ml×1	浙械注准20172400497
类风湿因子测定试剂盒（胶乳免疫比浊法）	RF	R1：60ml×4，R2：60ml×1	浙械注准20172400594
C-反应蛋白测定试剂盒（胶乳增强免疫比浊法）	CRP	R1：60ml×4，R2：60ml×1	浙械注准20172400590
免疫球蛋白A测定试剂盒（免疫比浊法）	IgA	R1：60ml×3，R2：60ml×1	浙械注准20172400588
免疫球蛋白G测定试剂盒（免疫比浊法）	IgG	R1：60ml×3，R2：60ml×1	浙械注准20172400586
免疫球蛋白M测定试剂盒（免疫比浊法）	IgM	R1：60ml×3，R2：60ml×1	浙械注准20172400587
补体C3测定试剂盒（免疫比浊法）	C3	R1：60ml×3，R2：60ml×1	浙械注准20172400582
补体C4测定试剂盒（免疫比浊法）	C4	R1：60ml×3，R2：60ml×1	浙械注准20172400592
纤维蛋白（原）降解产物测定试剂盒（胶乳增强免疫比浊法）	FDP	R1：60ml×2，R2：60ml×1	浙械注准20172400503
D二聚体测定试剂盒（胶乳免疫比浊法）	D-D	R1：60ml×1，R2：20ml×1	浙械注准20172400498
游离脂肪酸测定试剂盒（ACS-ACOD法）	FFA/NEFA	R1：60ml×4，R2：60ml×1	浙械注准20162400611
中性粒细胞明胶酶相关脂质运载蛋白测定试剂盒（胶乳增强免疫比浊法）	NGAL	R1：60ml×4，R2：60ml×1	浙械注准20162400943
脂蛋白相关磷脂酶A2测定试剂盒（连续监测法）	LP-PLA2	R1：20ml×1，R2：4.75ml×1，R3：0.25×1	浙械注准20172400560
降钙素原测定试剂盒（胶乳增强免疫比浊法）	PCT	R1：60ml×4，R2：60ml×1	浙械注准20172400581

自身免疫性疾病检测试剂

产品名称	英文简称	规格	注册证号
抗环瓜氨酸肽抗体测定试剂盒（胶乳增强免疫比浊法）	CCP	R1：60ml × 1，R2：20ml × 1	浙械注准 20172400557

肿瘤免疫检测试剂

产品名称	英文简称	规格	注册证号
β2- 微球蛋白测定试剂盒（胶乳增强免疫比浊法）	β2-MG	R1：60ml × 4，R2：60ml × 1	浙械注准 20172400575
胃蛋白酶原 I 测定试剂盒（胶乳增强免疫比浊法）	PGI	R1：54ml × 2，R2：20ml × 1	浙械注准 20172400593
胃蛋白酶原 II 测定试剂盒（胶乳增强免疫比浊法）	PGII	R1：54ml × 2，R2：20ml × 1	浙械注准 20172400583

郑州安图生物工程股份有限公司

检测试剂

公司简介

郑州安图生物工程股份有限公司（简称“安图生物”）创立于1998年，专注于体外诊断试剂和仪器的研发、制造、整合及服务，产品涵盖免疫诊断、微生物检测、生化诊断等领域，为医学实验室提供全面的产品解决方案和整体服务。

安图生物高度重视产品研发及技术创新，始终将提升研发创新能力作为提升企业核心竞争力的重要手段，建有国家认定企业技术中心、免疫检测自动化国家地方联合工程实验室、河南省免疫诊断试剂工程技术研究中心等，承担了多项国家省市重大科技项目，其中包括“863计划”两个项目。

安图生物在为用户提供产品技术服务的同时，为医学实验室提供室内质量控制服务及合作共建和集采服务。

公司网址：www.autobio.com.cn

联系电话：4000569995

产品目录

非特异性免疫检测试剂

试剂名称	方法	注册证号
降钙素原检测试剂盒	磁微粒化学发光法	豫械注准20172400746
超敏C反应蛋白（HS-CRP）检测试剂盒	磁微粒化学发光法	豫械注准20172400745

自身免疫性疾病检测试剂

试剂名称	分类	注册证号
甲状腺球蛋白抗体检测试剂盒	磁微粒化学发光法	豫械注准20152400485
甲状腺过氧化物酶抗体检测试剂盒	磁微粒化学发光法	豫械注准20152400486
抗甲状腺球蛋白抗体检测试剂盒	化学发光法	豫械注准20172400732
抗甲状腺过氧化物酶抗体检测试剂盒	化学发光法	豫械注准20172400731

肿瘤免疫检测试剂

试剂名称	分类	注册证号
甲胎蛋白检测试剂盒	磁微粒化学发光法	国械注准20153400055
癌胚抗原检测试剂盒	磁微粒化学发光法	国械注准20153400059
铁蛋白检测试剂盒	磁微粒化学发光法	国械注准20153400056
β2-微球蛋白检测试剂盒	磁微粒化学发光法	国械注准20153400054

续表

试剂名称	分类	注册证号
前列腺特异性抗原检测试剂盒	磁微粒化学发光法	国械注准 20153400051
游离前列腺特异性抗原检测试剂盒	磁微粒化学发光法	国械注准 20153400053
糖类抗原 CA50 检测试剂盒	磁微粒化学发光法	国械注准 20153400050
糖类抗原 CA125 检测试剂盒	磁微粒化学发光法	国械注准 20153400057
糖类抗原 CA15-3 检测试剂盒	磁微粒化学发光法	国械注准 20153400058
糖类抗原 CA19-9 检测试剂盒	磁微粒化学发光法	国械注准 20153400052
糖类抗原 CA72-4 检测试剂盒	磁微粒化学发光法	国械注准 20153401239
神经元特异性烯醇化酶检测试剂盒	磁微粒化学发光法	国械注准 20153401236
鳞状细胞癌抗原检测试剂盒	磁微粒化学发光法	国械注准 20153401238
细胞角蛋白 19 片段检测试剂盒	磁微粒化学发光法	国械注准 20153401237
β- 人绒毛膜促性腺激素（β-HCG）检测试剂盒	磁微粒化学发光法	豫械注准 20172400747
孕期甲胎蛋白检测试剂盒	磁微粒化学发光法	豫械注准 20172400756
游离 β 人绒毛膜促性腺激素检测试剂盒	磁微粒化学发光法	豫械注准 20172400744
甲胎蛋白检测试剂盒	化学发光法	国械注准 20153400776
癌胚抗原检测试剂盒	化学发光法	国械注准 20153400817
铁蛋白测定试剂盒	化学发光法	豫械注准 20152400609
β2- 微球蛋白测定试剂盒	化学发光法	豫械注准 20152400608
糖类抗原 50 检测试剂盒	化学发光法	国械注准 20153400812
糖类抗原 CA125 检测试剂盒	化学发光法	国械注准 20153400780
糖类抗原 15-3 检测试剂盒	化学发光法	国械注准 20153400816
糖类抗原 19-9 检测试剂盒	化学发光法	国械注准 20153400802
前列腺特异性抗原检测试剂盒	化学发光法	国械注准 20153400815
游离前列腺特异性抗原检测试剂盒	化学发光法	国械注准 20153400060
铁蛋白测定试剂盒	化学发光法	豫械注准 20152400609
β2- 微球蛋白测定试剂盒	化学发光法	豫械注准 20152400608
甲胎蛋白检测试剂盒	酶联免疫法	国械注准 20153400784
癌胚抗原检测试剂盒	酶联免疫法	国械注准 20153400932
肿瘤标志物质控品	质控品	国食药监械（准）字 2014 第 3401254 号

感染免疫检测试剂

试剂名称	分类	注册证号
EB 病毒早期抗原 IgG 抗体检测试剂盒	酶联免疫法	国械注准 20143401820
EB 病毒核抗原 IgA 抗体检测试剂盒	酶联免疫法	国械注准 20153400772
EB 病毒壳抗原 IgA 抗体检测试剂盒	酶联免疫法	国械注准 20153400431

续表

试剂名称	分类	注册证号
乙型肝炎病毒表面抗原定量检测试剂盒	磁微粒化学发光法	国械注准 20143401818
乙型肝炎病毒表面抗体定量检测试剂盒	磁微粒化学发光法	国械注准 20143401822
乙型肝炎病毒 e 抗原定量检测试剂盒	磁微粒化学发光法	国械注准 20143401945
乙型肝炎病毒 e 抗体检测试剂盒	磁微粒化学发光法	国械注准 20153401990
乙型肝炎病毒核心抗体检测试剂盒	磁微粒化学发光法	国械注准 20153401992
人类免疫缺陷病毒抗体检测试剂盒	磁微粒化学发光法	国械注准 20153400770
丙型肝炎病毒 IgG 抗体检测试剂盒	磁微粒化学发光法	国械注准 20153400429
梅毒螺旋体抗体检测试剂盒	磁微粒化学发光法	国械注准 20153400781
乙型肝炎病毒前 S1 抗原检测试剂盒	磁微粒化学发光法	国食药监械（准）字 2014 第 3401253 号
乙型肝炎病毒核心抗体 IgM 检测试剂盒	磁微粒化学发光法	国食药监械（准）字 2014 第 3401256 号
甲型肝炎病毒 IgM 抗体检测试剂盒	磁微粒化学发光法	国食药监械（准）字 2014 第 3401255 号
戊型肝炎病毒 IgG 抗体检测试剂盒	磁微粒化学发光法	国食药监械（准）字 2014 第 3401264 号
戊型肝炎病毒 IgM 抗体检测试剂盒	磁微粒化学发光法	国食药监械（准）字 2014 第 3401258 号
单纯疱疹病毒 1 型 IgG 抗体检测试剂盒	磁微粒化学发光法	国械注准 20153400789
单纯疱疹病毒 1 型 IgM 抗体检测试剂盒	磁微粒化学发光法	国械注准 20153400788
单纯疱疹病毒 2 型 IgG 抗体检测试剂盒	磁微粒化学发光法	国械注准 20153400793
单纯疱疹病毒 2 型 IgM 抗体检测试剂盒	磁微粒化学发光法	国械注准 20153400798
风疹病毒 IgG 抗体检测试剂盒	磁微粒化学发光法	国械注准 20153400794
风疹病毒 IgM 抗体检测试剂盒	磁微粒化学发光法	国械注准 20153400799
巨细胞病毒 IgG 抗体检测试剂盒	磁微粒化学发光法	国械注准 20153400810
巨细胞病毒 IgM 抗体检测试剂盒	磁微粒化学发光法	国械注准 20153400497
弓形虫 IgG 抗体检测试剂盒	磁微粒化学发光法	国械注准 20153400796
弓形虫 IgM 抗体检测试剂盒	磁微粒化学发光法	国械注准 20153400797
结核分枝杆菌特异性细胞免疫反应检测试剂盒	磁微粒化学发光法	国械注准 20163401697
乙型肝炎病毒表面抗原检测试剂盒	化学发光法	国械注准 20173401082
乙型肝炎病毒表面抗体检测试剂盒	化学发光法	国械注准 20153400358
乙型肝炎病毒 e 抗原定量检测试剂盒	化学发光法	国械注准 20143401944
乙型肝炎病毒 e 抗体检测试剂盒	化学发光法	国械注准 20153401991

续表

试剂名称	分类	注册证号
乙型肝炎病毒核心抗体检测试剂盒	化学发光法	国械注准 20153401989
人类免疫缺陷病毒抗体检测试剂盒	化学发光法	国械注准 20153401891
丙型肝炎病毒 IgG 抗体检测试剂盒	化学发光法	国械注准 20153400433
梅毒螺旋体抗体检测试剂盒	化学发光法	国食药监械（准）字 2014 第 3401257 号
单纯疱疹病毒 1 型 IgG 抗体测定试剂盒	酶联免疫法	国械注准 20153400773
单纯疱疹病毒 1 型 IgM 抗体测定试剂盒	酶联免疫法	国械注准 20153400790
单纯疱疹病毒 2 型 IgG 抗体测定试剂盒	酶联免疫法	国械注准 20153400777
单纯疱疹病毒 2 型 IgM 抗体测定试剂盒	酶联免疫法	国械注准 20153400823
风疹病毒 IgG 抗体测定试剂盒	酶联免疫法	国械注准 20153400778
风疹病毒 IgM 抗体测定试剂盒	酶联免疫法	国械注准 20153400824
弓形虫 IgG 抗体测定试剂盒	酶联免疫法	国械注准 20153400779
弓形虫 IgM 抗体测定试剂盒	酶联免疫法	国械注准 20153400427
巨细胞病毒 IgG 抗体测定试剂盒	酶联免疫法	国械注准 20153400774
巨细胞病毒 IgM 抗体测定试剂盒	酶联免疫法	国械注准 20153400792
单纯疱疹病毒 1 型 IgG 抗体亲和力检测试剂盒	酶联免疫法	国械注准 20153400782
单纯疱疹病毒 2 型 IgG 抗体亲和力检测试剂盒	酶联免疫法	国械注准 20153400428
风疹病毒 IgG 抗体亲和力检测试剂盒	酶联免疫法	国械注准 20153400769
弓形虫 IgG 抗体亲和力检测试剂盒	酶联免疫法	国械注准 20153400785
巨细胞病毒 IgG 抗体亲和力检测试剂盒	酶联免疫法	国械注准 20153400783
乙型肝炎病毒表面抗原诊断试剂盒	酶联免疫法	国药准字 S20013011
乙型肝炎病毒表面抗体检测试剂盒	酶联免疫法	国械注准 20153400813
乙型肝炎病毒 e 抗原检测试剂盒	酶联免疫法	国械注准 20153400811
乙型肝炎病毒 e 抗体检测试剂盒	酶联免疫法	国械注准 20153400800
乙型肝炎病毒核心抗体检测试剂盒	酶联免疫法	国械注准 20153400801
人类免疫缺陷病毒抗体诊断试剂盒	酶联免疫法	国药准字 S20020042
丙型肝炎病毒抗体诊断试剂盒	酶联免疫法	国药准字 S20013007
乙型肝炎病毒前 S1 抗原测定试剂盒	酶联免疫法	国械注准 20153400426
乙型肝炎病毒核心抗体 IgM 测定试剂盒	酶联免疫法	国械注准 20153400771
甲型肝炎病毒 IgM 抗体测定试剂盒	酶联免疫法	国械注准 20153400795
结核分枝杆菌特异性细胞免疫反应检测试剂盒	酶联免疫法	国械注准 20163401698
结核分枝杆菌 IgG 抗体检测试剂盒	酶联免疫法	国械注准 20143401821

续表

试剂名称	分类	注册证号
乙型肝炎病毒表面抗原检测用质控品	质控品	国械注准 20153401235
乙型肝炎病毒表面抗体检测用质控品	质控品	国械注准 20153401231
乙型肝炎病毒 e 抗原检测用质控品	质控品	国械注准 20153401241
乙型肝炎病毒 e 抗体检测用质控品	质控品	国械注准 20153401240
乙型肝炎病毒核心抗体检测用质控品	质控品	国械注准 20153401232
人类免疫缺陷病毒抗体检测用质控品	质控品	国械注准 20153401233
丙型肝炎病毒抗体检测用质控品	质控品	国械注准 20153401234
梅毒特异性抗体检测用质控品	质控品	国械注准 20153401242
人类免疫缺陷病毒抗体检测试剂盒（胶体金法）	胶体金	国械注准 20153400814
丙型肝炎病毒抗体检测试剂盒（胶体金法）	胶体金	国械注准 20153400791

其他检测试剂

试剂名称	分类	注册证号
Ⅲ型前胶原 N 端肽检测试剂盒	磁微粒化学发光法	豫械注准 20152400482
Ⅳ型胶原检测试剂盒	磁微粒化学发光法	豫械注准 20152400481
层粘连蛋白* 检测试剂盒	磁微粒化学发光法	豫械注准 20152400484
透明质酸检测试剂盒	磁微粒化学发光法	豫械注准 20152400483
Ⅲ型前胶原 N 端肽测定试剂盒	化学发光法	豫械注准 20152400618
Ⅳ型胶原测定试剂盒	化学发光法	豫械注准 20152400617
层粘连蛋白* 测定试剂盒	化学发光法	豫械注准 20152400619
透明质酸测定试剂盒	化学发光法	豫械注准 20152400620

* 即“层黏连蛋白”

INOVA 诊断公司

检测试剂

公司简介

INOVA 诊断公司隶属于沃芬集团，专业从事自身免疫诊断领域，提供多种检测技术用于自身抗体检测，如间接免疫荧光，酶联免疫法、化学发光、多重微珠等，此外还提供基于不同检测技术的自动化平台，并在业内首次推出自身免疫集成化实验室的全自动解决方案。INOVA 公司于 1987 年创立，总部位于美国加州圣地亚哥市。沃芬医疗器械商贸（北京）有限公司于 2012 年在北京成立，是沃芬集团中国区总部。INOVA 公司自身抗体检测项目在美国 CAP 及英国 NEQAS 实验室质量评估使用高，其开发的生物学标记物及检测技术在自身免疫性疾病诊断领域应用广泛。

公司网址：http：//cn.werfen.com/

联系电话：010-59756055

产品目录

自身免疫性疾病检测试剂

试剂名称	规格（人份）	方法	靶抗原	注册证号
抗核抗体 HEp-2 细胞法检测试剂盒	240，60	IIFT	HEp-2 细胞	国械注进 20142405442
抗 ENA6 抗体检测试剂盒	96	ELISA	Sm，RNP，SS-A，SS-B，Scl-70，Jo-1	国械注进 20142406219
抗核糖体 P 蛋白抗体检测试剂盒	96	ELISA	核糖体 P 蛋白	国械注进 20142406218
抗双链 DNA（短膜虫）抗体检测试剂盒	240，60	IIFT	绿蝇短膜虫	国械注进 20142403694
抗双链 DNA 抗体检测试剂盒	96	ELISA	天然双链 DNA	国械注进 20162400431
抗染色质抗体检测试剂盒	96	ELISA	染色质（核小体）	国械注进 20152402226
抗核抗体筛查试剂盒	96	ELISA	HEp-2 细胞提取物	国械注进 20172400038
抗组蛋白抗体检测试剂盒	96	ELISA	组蛋白	国械注进 20172402168
抗 Jo-1 抗体检测试剂盒	96	ELISA	Jo-1	国械注进 20172401910
抗 RNP 抗体检测试剂盒	96	ELISA	RNP	国械注进 20172401897
抗 Scl-70 抗体检测试剂盒	96	ELISA	Scl-70	国械注进 20172402166
抗 Sm 抗体检测试剂盒	96	ELISA	Sm	国械注进 20172402161
抗 SSA（60kDa&52kDa）抗体检测试剂盒	96	ELISA	SS-A 52，SS-A 60	国械注进 20172401906
抗 SSA52 抗体检测试剂盒	96	ELISA	SSA-52	国械注进 20142401137
抗 SSB 抗体检测试剂盒	96	ELISA	SS-B	国械注进 20172401912
抗着丝点抗体检测试剂盒	50	CLIA	Centromere	国械注进 20152403687
抗 Sm 抗体检测试剂盒	50	CLIA	Sm	国械注进 20172405209

续表

试剂名称	规格（人份）	方法	靶抗原	注册证号
抗 RNP 抗体检测试剂盒	50	CLIA	RNP	国械注进 20172405208
抗可提取核抗原（ENA）抗体检测试剂盒	50	CLIA	Sm，RNP，Ro60，Ro52，SS-B，Scl-70，Jo-1	国械注进 20152402486
抗环瓜氨酸肽 IgG 抗体检测试剂盒（第三代）	96	ELISA	环瓜氨酸肽	国械注进 20172402159
抗中性粒细胞胞浆抗体（乙醇固定）检测试剂盒	60，240	IFA	中性粒细胞	国械注进 20172400048
抗中性粒细胞胞浆抗体（甲醛固定）检测试剂盒	60，240	IFA	中性粒细胞	国械注进 20172401017
抗髓过氧化物酶 IgG 抗体检测试剂盒	96	ELISA	MPO	国械注进 20152404069
抗蛋白酶 3 IgG 抗体检测试剂盒	96	ELISA	PR3	国械注进 20142403696
抗肾小球基底膜（GBM）抗体检测试剂盒	96	ELISA	NC1-α3 链	国械注进 20172400042
抗髓过氧化物酶抗体检测试剂	50	CLIA	MPO	国械注进 20152403688
抗蛋白酶 3 抗体检测试剂盒	50	CLIA	PR3	国械注进 20152403686
抗肾小球基底膜抗体检测试剂盒	50	CLA	NC1-α3 链	国械注进 20152403770
抗心磷脂抗体筛查检测试剂盒	96	ELISA	心磷脂	国械注进 20142404952
抗心磷脂 IgG 抗体检测试剂盒	96	ELISA	心磷脂	国械注进 20142403695
抗 β2 糖蛋白 1 IgG 抗体检测试剂盒	96	ELISA	β2 糖蛋白 I	国械注进 20142403702
抗心磷脂 IgM 抗体检测试剂盒	96	ELISA	心磷脂	国械注进 20152402868
抗心磷脂 IgA 抗体检测试剂盒	96	ELISA	心磷脂	国械注进 20152402469
抗 β2 糖蛋白 1 IgM 抗体检测试剂盒	96	ELISA	β2 糖蛋白 I	国械注进 20152402866
抗 β2 糖蛋白 1 IgA 抗体检测试剂盒	96	ELISA	β2 糖蛋白 I	国械注进 20152402865
抗 β2 糖蛋白 1 抗体检测试剂盒	96	ELISA	β2 糖蛋白 I	国械注进 20152403874
抗心磷脂 IgG 抗体检测试剂盒	50	CLIA	心磷脂	国械注进 20152402885
抗心磷脂 IgM 抗体检测试剂盒	50	CLIA	心磷脂	国械注进 20152402883
抗心磷脂 IgA 抗体检测试剂盒	50	CLIA	心磷脂	国械注进 20152402884
抗 β2 糖蛋白 1 IgG 抗体检测试剂盒	50	CLIA	β2 糖蛋白 I	国械注进 20152402880
抗 β2 糖蛋白 1 IgM 抗体检测试剂盒	50	CLIA	β2 糖蛋白 I	国械注进 20152402882
抗 β2 糖蛋白 1 IgA 抗体检测试剂盒	50	CLIA	β2 糖蛋白 I	国械注进 20152402881
抗磷脂酰丝氨酸/凝血酶原（aPS/PT）IgG 抗体检测试剂盒	96	ELISA	磷脂酰丝氨酸凝血酶原复合物	国械注进 20152402867
抗磷脂酰丝氨酸/凝血酶原（aPS/PT）IgM 抗体检测试剂盒	96	ELISA	磷脂酰丝氨酸凝血酶原复合物	国械注进 20152402864
自身免疫抗体谱检测试剂盒	40，240	IFA	大鼠肝肾胃	国械注进 20162404009

续表

试剂名称	规格（人份）	方法	靶抗原	注册证号
抗线粒体抗体 M2 EP 检测试剂盒	96	ELISA	MIT3	国械注进 20142404951
抗可溶性肝抗原抗体检测试剂盒	96	ELISA	SLA	国械注进 20162400432
抗肌动蛋白（平滑肌）IgG 抗体检测试剂盒	96	ELISA	F-actin	国械注进 20142404950
原发性胆汁性肝硬化相关自身抗体 IgG/IgA 检测试剂盒	96	ELISA	MIT3，gp210，Sp100	国械注进 20172400041
抗 Sp100 抗体检测试剂盒	96	ELISA	Sp100	国械注进 20172400047
抗 gp210 抗体检测试剂盒	96	ELISA	gp210	国械注进 20172400036
抗 LKM-1 抗体检测试剂盒	96	ELISA	LKM-1	国械注进 20172401907
抗酿酒酵母（S. cerevisiae）IgA 抗体检测试剂盒	96	ELISA	ASCA	国械注进 20152402470
抗酿酒酵母（S. cerevisiae）IgG 抗体检测试剂盒	96	ELISA	ASCA	国械注进 20152402468
抗胃壁细胞 IgG 抗体检测试剂盒	96	ELISA	胃壁细胞	国械注进 20152402473
抗内因子抗体检测试剂盒	96	ELISA	内因子	国械注进 20152402645
抗去酰胺基麦胶蛋白多肽 IgG 抗体检测试剂盒	50	CLIA	DGP	国械注进 20172402369
抗人组织转谷氨酰胺酶 IgG 抗体检测试剂盒	50	CLIA	tTG	国械注进 20172402307
抗去酰胺基麦胶蛋白多肽 IgA 抗体检测试剂盒	50	CLIA	DGP	国械注进 20172402424
抗人组织转谷氨酰胺酶 IgA 抗体检测试剂盒	50	CLIA	tTG	国械注进 20172402423
抗甲状腺球蛋白抗体检测试剂盒	96	ELISA	TGA	国械注进 20162404010
抗甲状腺过氧化物酶抗体检测试剂盒	96	ELISA	TPO	国械注进 20162404008

MBL
（北京博尔迈生物技术有限公司）

检测试剂

公司介绍

北京博尔迈生物技术有限公司（MBL BEUING BIOTECH CO．LTD）创立于2005年，是日本JSR集团旗下日本MBL公司在中国的全资子公司（日本MBL公司全称“株式会社会学生物学研究所”，是日本JUSDAQ上市公司）。

公司主要负责JSR公司生命科学领域关联产品、MBL公司基础科研试剂和自身免疫诊断试剂，以及抗体、抗原等诊断试剂用原料在中国的所有贸易业务。

作为JSR生命科学领域产品以及MBL公司产品在中国的贸易窗口，目前公司主推产品及业务包括：JSR公司的诊断试剂原料（磁珠、乳胶微珠、封闭剂），MBL公司的自身免疫试剂和基础科研试剂（自噬相关产品、标签抗体、凋亡相关产品、四聚体等）以及代理销售日本特殊免疫研究所的抗体，新西兰Arotec公司的抗原、欧洲Eurogentec合成Oligo等诊断试剂原料。目前相关产品已经被广泛应用于基础实验研究、疾病临床诊断、法医鉴定、检验检测、制药工业、生物技术等诸多领域。

针对国内诊断试剂公司的需求，我们也提供包被好抗体的乳胶免疫比浊试剂和化学发光试剂的中间体，以及包被好抗原的自身免疫试剂。

公司地址：北京市海淀区知春路1号学院国际大厦1606室

公司网址：http://www.bio_med.com.cn

联系电话：010-82899503，4000009858

产品目录

自身免疫性疾病检测试剂

试剂名称	规格/人份	方法	靶抗原	注册证号
抗核抗体检测试剂盒	160/240	IIFT	HEp-2 细胞	国械注进 20172400998
抗线粒体抗体及抗平滑肌抗体检测试剂盒	40	IIFT	大鼠胃和肾	国械注进 20172400991
抗 nDNA 抗体检测试剂盒	160	IIFT	短膜虫	国械注进 20172400995
抗桥粒芯蛋白 1 抗体检测试剂盒	48	ELISA	桥粒芯蛋白 1	国械注进 20152402484
抗桥粒芯蛋白 3 抗体检测试剂盒	48	ELISA	桥粒芯蛋白 3	国械注进 20152402483
BP180 抗体检测试剂盒	48	ELISA	BP180	国械注进 20172406586

附录一　自身抗体检测在自身免疫病中的临床应用专家建议

[原载：中华风湿病学杂志，2014,18（7）：437-443]

中国免疫学会临床免疫分会

自身抗体检测是自身免疫病诊治中的重要工具，随着早期诊断、规范化治疗的开展，自身抗体检测在疾病诊断、监测及预后评估中发挥的作用也日益受到重视。但是，由于目前自身抗体检测缺乏统一的标准化检验方法，加上工作条件、传统诊疗习惯、结果判读以及医疗保险限制等因素的影响，导致自身抗体检测在临床应用上存在着不统一、不规范现象。因此，制定适合我国国情的临床应用建议十分必要，可为广大临床医师和检验医师提供参考。

《自身抗体检测在自身免疫病中的临床应用专家建议》（以下简称为《建议》）形成分 3 步进行。首先由来自全国大型教学医院风湿免疫科医师通过检索国内外文献并结合中国实际情况起草《建议》草案，然后将该草案提交由风湿免疫科、检验科、消化科、血液科、神经内科等组成的专家组讨论，补充和提出修改意见，修改后的草案再次由起草成员讨论，形成初步建议，并对每项建议条目进行解读。最后提交由中国免疫学会临床免疫分会专家进行投票评分（Delphi 评分，分值 0 ～ 10 分，0 分表示完全不赞同，10 分表示完全赞同），计算所有专家打分的；虹作为每条建议的专家认可度。《建议》包括 13 条，每一条都附有基于 GRADE 法 [1] 的证据分级、证据质量和专家认可度及其 95% 可信区间（95%*CI*）。

1 自身免疫病概述

自身免疫病是由于免疫功能紊乱，机体产生针对自身抗原的病理性免疫应答反应而引起器官或系统损伤的一类疾病。根据临床表现和病变累及的范围，自身免疫病可以分为系统性和器官特异性，前者以 SLE、SSc、RA、APS 等为代表；后者包括自身免疫性肝炎（AIH）、PBC、自身免疫性甲状腺炎、胰岛素依赖性糖尿病等。自身免疫病的发病机制尚不完全清楚，目前认为是遗传易感个体在环境因素如感染、紫外线、肿瘤及药物等多种因素共同作用下发生。自身免疫病通常伴随免疫系统功能紊乱、自身反应性 T 细胞、B 细胞的活化和自身抗体、炎性因子的产生。由于自身抗体的产生是自身免疫病的基本特征之一，因而，自身抗体本身就成为大多数自身免疫病的血清学标记物。

2 自身抗体的分类、临床意义和检测方法

2.1 系统性自身免疫病相关自身抗体

2.1.1 ANA：ANA 是一组将自身真核细胞的各种成分脱氧核糖核蛋白、DNA、可提取核抗原和 RNA 等作为靶抗原的自身抗体的总称，是自身免疫病最重要的诊断指标之一。ANA 的检测方法很多，目前间接免疫荧光法（IIF）仍然是 ANA 检测首选方法。ANA 阳性提示体内存在一种或多种自身抗体，应结合其他临床资料判定其意义。

2.1.2 抗 ENA 抗体谱：ANA 的靶抗原众多，采用盐析法从细胞核中提取出来，且不含 DNA 的一类抗原统称为 ENA。临床常用抗 ENA 抗体主要包括抗 Sm、U_1-RNP、SSA、SSB、Jo-1、Scl-70 和核糖体 P 蛋白抗体等 [2]。抗 U_1-RNP 抗体可在多种风湿性疾病出现，但高滴度抗 U_1-RNP 抗体对 MCTD 有诊断意义。抗 Sm 抗体是 SLE 高度特异性的血清学标记物 [3]，在一些检测方法中常与抗 U_1-RNP 抗体相伴出现，目前

由于重组抗原的应用，可以出现单独抗 Sm 抗体阳性。抗 SSA 抗体和（或）抗 SSB 抗体阳性是诊断 SS 的血清学标准。抗 SSA 抗体的靶抗原由相对分子质量为 60 000 和 52 000 的 2 种蛋白质组成，抗 SSA-52 000 可出现在多种自身免疫病中，一般不作为诊断依据；抗 SSA-60 000 抗体与 SS 密切相关。抗 SSB 抗体是 SS 的特异性抗体。抗 Scl-70 抗体是 SSc 分类标准中的血清学标记物，与预后不良、肺纤维化、心脏病变有关。抗着丝粒蛋白（CENP）抗体是局限型 SSc 特异性的血清学标记物，提示预后良好。抗 Jo-1 抗体属于抗氨基酰 tRNA 合成酶抗体群，在 DM 或 PM 患者中的阳性率约为 25%。30%，该自身抗体群还包括抗 PL-7、PL-12、EJ 等。抗 Mi-2 抗体几乎只出现于 DM 患者，阳性率约为 20%。抗 PM-1 抗体是 PM 较特异的自身抗体，在 PM 患者中阳性率约为 13%。目前，这些自身抗体的常用检测方法是 ELISA 和免疫印迹法。

2.1.3 抗 dsDNA 抗体：该自身抗体对诊断 SLE 有较高的特异性（95%），是 SLE 分类标准之一[3]。其抗体滴度在多数 SLE 患者中与病情活动程度相关，可作为治疗监测和预后评价的指标，并与 SLE 患者的肾损害相关[4]。目前公认的检测方法为 IIF、放射免疫法（Farr 法）和 ELISA 法。

2.1.4 抗核小体抗体（AnuA）：AnuA 可出现于 SLE 的早期，并且敏感性、特异性均较高。在 SLE 患者中阳性率为 50% ～ 90%，特异性＞ 90%[5]。常用的检测方法为 ELISA。

2.1.5 抗 Clq 抗体：抗 C1q 抗体除与低补体血症荨麻疹性血管炎、RA 等相关外，与 SLE 患者并发 LN 及其活动性也密切相关[6]。常用的检测方法是 ELISA。

2.1.6 抗磷脂抗体谱：抗磷脂抗体谱主要包括狼疮抗凝物（LA）、抗心磷脂（CL）抗体、抗 β_2 糖蛋白Ⅰ（β_2 GPⅠ）抗体、抗凝血酶原（町）抗体和抗磷脂酰丝氨酸（PS）抗体等，在我国 SLE 患者中检出率约为 20% ～ 30%，是 SLE 预后不良的重要标志[7]。检测 LA 或抗 CL-IgG/IgM 或抗 β_2GPⅠ—IgG/IgM 是诊断 APS 的血清学标准。LA 通过体外凝血时间来定性测定，其他抗体常通过 ELISA 的方法进行定量检测。

2.1.7 ANCA:ANCA 的靶抗原有十余种，与临床最相关的是蛋白酶 3（PR3）和髓过氧化物酶（MPO），两者与 ANCA 相关血管炎，即肉芽肿性多血管炎（GPA）、嗜酸性肉芽肿性多血管炎（EGPA）、显微镜下多血管炎（MPA），以及这些疾病的肾脏表现密切相关[8]。IIF 和 ELISA 联合应用是检测 ANCA 的最佳方法。

2.1.8 抗内皮细胞抗体（AECA）：AECA 与血管炎和多种风湿病中的血管内皮损伤有关，如白塞病、肉芽肿性多血管炎、SLE、SSe、过敏性紫癜肾炎（HSPN）等。抗体滴度与病情活动性具有相关性。目前检测 AECA 常用的方法是 ELISA 和 IIF。

2.1.9 RF:IgM-RF 是 RF 主要类型，在 RA 患者中的阳性率为 70% ～ 90%，是 2010 年 ACR/EULAR 颁布的 RA 分类标准中的血清学检测项目之一[9]。另外，IgA-RF 和 IgG-RF 对 RA 的诊断也可能有一定提示意义。免疫比浊法、ELISA 和化学发光法是目前常用的 RF 定量检测方法。除 RA 外，RF 也可见于其他自身免疫病、多种感染以及肿瘤性疾病等。

2.1.10 抗瓜氨酸化蛋白 / 肽抗体（ACPA）: ACPA 是一组对 RA 高度特异的自身抗体。AKA/APF 属于抗丝聚蛋白抗体（AFA）群，可出现在 RA 早期，同时与 RA 病情活动性指标呈正相关，目前常用检测方法为 IIF。抗 CCP 抗体是 RA 最新的分类标准中的血清学检测项目之一，敏感性、特异性均较好[10]。抗瓜氨酸化波形蛋白抗体对 RA 也有一定的诊断价值。目前，抗 CCP 抗体和抗瓜氨酸化波形蛋白抗体检测的最常用方法是 ELISA。

2.2 自身免疫性肝病相关自身抗体

2.2.1 AIH 和 PBC 相关 ANA 谱：ANA 在 AIH 患者中阳性率可高达 70%。80%，是疾病诊断评分的指标之一，但是缺乏疾病特异性。PBC 患者 ANA 阳性率为 50% 左右，在抗线粒体抗体（AMA）阴性 PBC

患者中的阳性率可达 85%[11]。抗 Spl00 抗体和抗 PML 抗体在 PBC 患者中的阳性率分别可达 30% 和 20%。抗 gp210 抗体和抗 p62 抗体在 PBC 患者中的阳性率分别是 17% ～ 35% 和 20% ～ 30%，是 PBC 高度特异性的标记物（特异性＞ 95%）。

2.2.2 AIH-l 型和 AIH-2 型相关的自身抗体：抗平滑肌抗体（ASMA）和 ANA 与 AIH-1 型相对应。IIF 是检测 ASMA 获得最佳特异性和敏感度的方法。抗肝肾微粒体 -1（LKM-1）抗体、抗肝细胞溶质 -1（LC-1）抗体用来定义 AIH-2 型，通常用 ELISA 或免疫印迹法来检测。抗可溶性肝抗原 / 肝 - 胰腺（SLA/LP）抗体是 AIH 的特异性抗体，一般不作为 AIH 分型依据，可通过 ELISA 或免疫印迹法来检测。

2.2.3 抗线粒体抗体（AMA）: AMA 是 PBC 的标志性抗体，阳性率 90%，95%[12]。根据靶抗原不同分为 9 个亚类，即 M1 ～ M9，与 PBC 紧密相关的是 M2、M4、M8 和 M9。AMA-M2 是 PBC 特异性和敏感性最强的诊断指标，M4 常与 M2 并存，而 M9 阳性常提示患者处于 PBC 的早期。IIF 法用于 AMA 筛查，区分亚型常用 ELISA 和免疫印迹法。

2.3 中枢神经系统自身免疫病相关抗体

2.3.1 抗 N- 甲基 -D- 天冬氨酸受体（NMDAR）抗体：是用来定义“抗 NMDAR 抗体脑炎”的标志性抗体 [13]。此外，抗 NMDAR 抗体可能与 SLE 患者神经精神的异常状况相关。

2.3.2 抗水通道蛋白 4（AQP4）抗体：是视神经脊髓炎（NMO）的标志性抗体。可用于 NMO 与多发性硬化的鉴别，在 NMO 患者中的敏感性约为 58% ～ 76%，特异性可达 85% ～ 99%[14]。IIF 或基于靶抗原转染细胞的检测（CBA）是首选检测方法。

2.3.3 其他中枢神经系统疾病相关的自身抗体：抗神经节苷脂抗体与吉兰．巴雷综合征（Guillain Barré syndrome）、多灶性运动神经病、感觉神经病、米 - 费综合征（Miller-Fisher syndrome）等脱髓鞘外周神经系统病变有关；神经肿瘤抗体如抗 Hu 抗体、抗 Yo 抗体、抗 Ri 抗体、抗 CV2 抗体等与神经系统副肿瘤综合征密切相关；抗乙酰胆碱受体抗体是重症肌无力确诊的重要参考依据；抗电压门控性钾离子通道（VGKC）复合物抗体、抗电压门控性钙离子通道受体、抗 α - 氨基 -3- 羟基 -5- 甲基异嚼唑 -4- 丙酸（AMPA）受体抗体、抗 γ 氨基丁酸 -B（$GABA_B$）受体抗体、抗甘氨酸受体抗体等与边缘性脑炎、脑脊髓炎、小脑性共济失调等中枢神经系统疾病相关。抗髓磷脂碱性蛋白（MBP）抗体、抗髓磷脂少突胶质细胞糖蛋白（MOG）抗体等可能与多发性硬化的致病机制有关。

2.4 其他自身抗体

2.4.1 甲状腺相关自身抗体：抗甲状腺球蛋白（TG）和抗甲状腺过氧化物酶（TPO）抗体是桥本甲状腺炎等自身免疫性甲状腺炎的标志性抗体，也可作为产后甲状腺炎、无痛性格雷夫斯病等甲状腺疾病诊断的参考指标 [15]。抗促甲状腺素（TSH）受体抗体是诊断格雷夫斯病的重要依据，敏感性约为 95%，特异性可达 99%。化学发光免疫测定（CLIA）、Farr 法和 ELISA 是目前检测这些自身抗体的常用方法。

2.4.2 胰腺相关自身抗体：胰岛细胞自身抗体（ICA）、抗胰岛素自身抗体（IAA）、抗谷氨酸脱羧酶 65（GAD65）抗体和抗胰岛瘤抗原 -2（IA-2）抗体是诊断 1 型糖尿病、成人隐匿性自身免疫性糖尿病（LADA）的重要参考指标旧。灵长类胰腺冰冻组织切片为基质的 IIF 是检测 ICA 的标准方法，其他 3 种抗体的检测常用 ELISA 和放射性免疫分析。

2.4.3 乳糜泻（CD）相关抗体：抗肌内膜抗体（EMA）、抗组织谷氨酰胺转移酶（tTG）抗体是诊断麸质敏感性肠病或乳糜泻的首选检测项目 [17]。抗去酰胺基麦胶蛋白肽（DGP）抗体检测是乳糜泻相关自身抗体谱的重要补充，尤其适用于 2 岁以下婴幼儿乳糜泻患者。EMA 采用 IIF 检测，抗 tTG 抗体和抗 DGP 抗体的检测方法为 ELISA。

2.4.4 生殖相关自身抗体：抗卵巢抗体与女性的卵巢功能早衰（POF）和自身免疫性不孕症有关，检测方法有 EHSA 和 IIF。抗精子抗体与男性及女性的不育不孕症有关，这类抗体主要影响配子发育和受精，检测方法有 ELISA、IIF、混合性抗免疫球蛋白反应等。

3 自身抗体检测在自身免疫病中的临床应用专家建议

本《建议》可为广大临床医生和检验医师在日常诊疗实践中拟定检测项目及检测流程时提供参考。自身抗体检测的合理应用有赖于检验医生和临床医生的共同合作。

3.1《建议》十三条

见表 1。

表 1　自身抗体检测在自身免疫病中的临床应用专家建议

	建议及其证据分级和证据质量	专家认可度［$\bar{x} \pm s$（95%*CI*）］
1	对临床怀疑有自身免疫病的患者建议进行自身抗体的检测。疾病分类或诊断标准中列出的自身抗体应在检测之列。需要结合患者病史、症状、体征及自身抗体水平等对自身免疫病进行诊断及鉴别诊断（证据分级：Ⅱ -2；证据质量：A）	8.87±1.21 (8.43 ~ 9.27)
2	自身抗体的检测建议选用国际推荐（或公认）的检测方法（证据分级：Ⅲ；证据质量：B）	8.90±0.97 (8.53 ~ 9.27)
3	自身抗体的检测结果建议以定量或半定量方式表达（证据分级：Ⅱ -2；证据质量：A）	8.55±1.07 (8.15 ~ 8.95)
4	当自身抗体检验结果与临床情况不符时，建议结合患者性别、年龄、病史及其他实验室指标等特点，对检验结果作出适当解释及下一步建议（证据分级：Ⅲ；证据质量：B）	8.46±1.11（8.04 ~ 8.87）
5	诊断系统性自身免疫病时，ANA 应作为初筛项目之一。当 IIF-ANA 阳性时，需要对 ANA 特异性自身抗体进行进一步检测（证据分级：Ⅱ -2；证据质量：A）	7.93±1.63 (7.32 ~ 8.56)
6	ANA 检测建议以 Hep-2 细胞为底物的 IIF 法为首选。IIF-ANA 检测报告中建议注明检测方法、特异性荧光核型和抗体滴度值，同时指出正常参考区间和临界值（证据分级：Ⅱ -3；证据质量：B）	8.50±1.35 (8.00 ~ 9.01)
7	抗 dsDNA 抗体检测建议以短膜虫 IIF 或放射免疫法（Farr 法）或 ELISA 方法检测。结合临床需要，可进行 2 种方法平行检测（证据分级：Ⅱ -3；证据质量：B）	7.57±1.60（6.98 ~ 8.17）
8	抗 dsDNA 抗体作为 SLE 疾病活动性的监测指标之一，应定期进行检测（证据分级：Ⅱ -2；证据质量：B）	8.70±1.43 (8.16 ~ 9.24)
9	对疑诊为 RA 的患者，应进行包括 RF、抗 CCP 抗体在内的相关自身抗体的联合检测，以提高 RA 的早期诊断率（证据分级：Ⅱ -2；证据质量：A）	8.82±1 .24 (8.36-9.29)
10	诊断 APS 及评估血栓风险时，建议进行抗 CL 抗体、抗 $β_2$GP Ⅰ、LA 等抗磷脂抗体的联合检测（证据分级：Ⅱ -2；证据质量：B）对临床疑诊为 ANcA 相关性血管炎的患者建议进行 ANCA 测定，并针对抗 PR3 及抗 MPO 特异性抗体	8.58±1.26 (8.1 1 ~ 9.05)
11	进行检测。 作为疾病活动性的监测指标之一，建议对抗 PR3 及 MP0 抗体定期进行定量检测（证据分级：Ⅱ -2；证据质量：A）	8.78±1.03 (8.36 ~ 9.23)
12	器官特异性自身免疫病如肝脏、中枢神经系统、血液系统、甲状腺等疾病，进行自身抗体检测有助于与非自身免疫病或非抗体介导的自身免疫病等进行鉴别（证据分级：Ⅱ -2；证据质量：A）	8.62±1.28 (8.14 ~ 9.10)
13	新自身抗体在自身免疫病诊断及疾病监测中的作用还需要临床验证和探讨，临床工作中医生应根据患者具体情况合理选用（证据分级：Ⅲ；证据质量：A）	9.12±1.00（8.75-9.50）

3.2《建议》解读

3.2.1 对临床怀疑有自身免疫病的患者建议进行自身抗体的检测：疾病分类或诊断标准中列出的自身抗体应在检测之列。需要结合患者病史、症状、体征及自身抗体水平等对自身免疫病进行诊断及鉴别诊断。

由于自身抗体在自身免疫病的诊断及病情评估中有重要意义，因此建议在临床怀疑有自身免疫病的患者中进行检测，并且在患者治疗过程中，也建议选择性复查自身抗体，用于评估疗效及指导治疗。

非自身免疫病患者或少数健康人群在没有自身免疫病临床特征时也可以出现低滴度的自身抗体。因此，这些自身抗体的阳性结果不一定与自身免疫病相关。实验室检测应以临床表现为依据，对没有特异性自身免疫病临床表现的个体不建议进行自身抗体的筛查。生理性自身抗体和自身抗体在疾病前期出现的现象常干扰临床医生对自身抗体临床意义的正确解读。

部分疾病在分类或诊断标准中包括的自身抗体对诊断有重要意义，如 SLE 诊断标准中包括的 ANA、抗 dsDNA 抗体，SS 诊断标准中的 ANA、抗 SSA 抗体、抗 SSB 抗体，MCTD 诊断标准中的抗 U_1-RNP 抗体，APS 诊断标准中的抗 CL 抗体、抗 β_2GP Ⅰ抗体、LA 等。因此，在进行诊断及鉴别诊断时，应对相应的这些自身抗体进行检测。由于不同的自身抗体在不同疾病中的敏感性及特异性有所不同，临床医生应在充分了解各种自身抗体临床参考意义的前提下，根据疑诊疾病类型进行选择，并将结果与患者临床特点、其他检查结果相结合，作出合理解释。

3.2.2 自身抗体的检测建议选用国际推荐（或公认）的检测方法：自身抗体检测方法的选择取决于实验室具体条件、试剂价格以及操作者的经验等。自身抗体常用的检测方法包括 IIF、免疫印迹法、ELISA 法、免疫散射比浊法、CLIA 法、免疫胶体金法、乳胶凝集法、放射免疫法、免疫斑点法等。目前，国内采用的定性检测方法较多，而国外较多采用定量检测方法。其中部分方法未来可能采用标准化自动化仪器检测，可能可以减少部分人为操作对结果的影响。

检测方法的敏感性和特异性相互依存的关系，决定了检测的效能和检测结果的可靠性。当敏感性增高时，特异性相应降低，反之亦然。在实际工作中，应该根据设定的临界值（cut-off）和检测方法本身固有的特性，合理选择合适的检测方法。如果作为一种筛查试验，敏感性高的检测方法应作为首选，并对假阳性的情况加以甄别；在确认试验中，应该选取特异性高的检测方法。当同一种抗体用不同方法检测的结果不同时，应通过更特异的检测方法进行确定。

3.2.3 自身抗体的检测结果建议以定量或半定量方式表达：自身抗体检测结果应尽可能以定量方式表达，如无法进行定量检测，建议选用半定量方式，对临床有更好的参考意义。通常定量检测结果越高，临床意义越大，诊断的特异性程度越高。部分自身抗体超过正常值上限 3 倍以上可视为高滴度阳性。定量或半定量显示结果还有利于疾病前后或治疗前后进行比较，对疾病的监测或疗效的评估有重要价值。

3.2.4 当自身抗体检验结果与临床情况不符时，建议结合患者性别、年龄、病史及其他实验室指标等特点，对检验结果作出适当解释及下一步建议：对临床高度疑似自身免疫病的患者，如果某一种方法检测自身抗体结果为阴性或弱阳性，或当阳性的检测结果与临床特点不符时，建议使用另一种检测方法对结果加以确认。若偶然发现某种抗体存在，而无临床表现，应评估该抗体对该个体预后的影响，并结合患者年龄、性别、临床其他相关疾病及其他实验室指标综合评价。由于自身抗体可出现在临床表现之前，因此必要时可进行定期复诊及实验室指标监测。不可忽视很多自身抗体可早于临床表现前多年出现，并具有一定的预测价值，如抗 CCP 抗体、AMA-M2 等。临床医师和检验科医师应在必要时针对患者的临床及实验室结果特点进行沟通，共同商议决定下一步检测项目或给予患者何种建议。

3.2.5 诊断系统性自身免疫病时，ANA 应作为初筛项目之一：当 IIF-ANA 阳性时，需要对 ANA 特异性自身抗体进行进一步检测。ANA 对风湿性疾病有很高的诊断敏感性，所以被认为是此类疾病的首选筛查项目[18]。如 ANA 是 SLE、SSc、SS 等患者的实验室共同特征之一，同时也是 MCTD 诊断的必需条件之一。因此，在疑诊或需要除外此类疾病时，建议进行 ANA 的检测。但由于 ANA 滴度值与病情严重性没有必然联系，因此，不推荐使用 ANA 滴度值的变化来反映风湿性疾病的活动性和疗效反应性。ANA 检测覆盖的自身抗体范围十分广泛，常见的自身抗体包括但不限于抗 dsDNA 抗体、抗 Sm 抗体、抗 SSA 抗体、抗 SSB 抗体、抗 U_1-RNP 抗体、抗 Scl-70 抗体、抗 Jo-1 抗体、抗核糖体 P 蛋白抗体、抗 CENP 抗体、抗核小体抗体、抗着丝点抗体等。当 ANA 结果阳性时，需要对 ANA 特异性自身抗体进行进一步检测，为疾病确诊提供依据。

系统性自身免疫病患者以 IIF 法检测 ANA 结果如为阴性，可能原因有：① ANA 相关抗体的缺失；②存在的是针对高度可溶性抗原的自身抗体，如抗 SSA 抗体；③抗体针对的是含量极少的胞质靶抗原，如 Jo-1、抗 SSA 抗体等。因此，当患者临床表现高度怀疑罹患某种风湿性疾病（尤其是 SS 和 DM/PM）的患者，即使 IIF．ANA 阴性，也应该考虑进行 ANA 特异性自身抗体的检测。由于检测方法敏感性差异及靶抗原特点，IIF 检测 ANA 阴性而特异性抗体阳性现象的发生率在临床上约为 5% ～ 10%。

3.2.6 ANA 检测建议以 Hep-2 细胞为底物的 IIF 法为首选：IIF-ANA 检测报告中建议注明检测方法、特异性荧光核型和抗体滴度值，同时指出正常参考区间和临界值。

ANA 检测方法中，IIF 操作简单，敏感性高，费用低廉，是目前国际上广泛推荐使用的方法[19]。

IIF-ANA 在 Hep-2 细胞上的典型荧光模式有以下几类，每类中又包括可以辨识的几种荧光模式：①细胞核型：核均质、核颗粒、核仁、着丝粒、核点、核膜、弥散细颗粒、增殖性细胞核抗原等；②胞质型：胞质颗粒、线粒体、核糖体、高尔基体、溶酶体、细胞骨架等；③有丝分裂型：纺锤体、中心体、细胞核基质蛋白、中间体等。ANA 核型结果对下一步特异性抗体的检测有一定的指导意义。

ANA 检测结果推荐以滴度值表示，即阳性血清恰好呈阳性反应的最大稀释倍数的倒数。目前主要有 2 种稀释体系：一种是 1 : 40、1 : 80、1 : 160、1 : 320……稀释体系，另一种是 1 : 100、1 : 320、1 : 1 000、1 : 3 200……稀释体系。ANA 为弱阳性结果可见于健康人群（包括孕妇、老年人等）或感染性疾病、肝脏疾病、肿瘤性疾病等多种疾病患者。ANA 结果为阴性或弱阳性时，应根据临床情况作出判断是否需要进一步对特异性抗体进行检测或密切监测。ANA 滴度越高，与自身免疫病的相关性越大。检验报告单上除检验结果外，还应注明参考值、检测方法。每个实验室都需要通过试验来确定适用于本实验室的 ANA 正常参考值范围和临界值。ANA 滴度值本身是一种不严格的定量，与疾病活动度的相关性很低，因此没有必要对 ANA 作连续的跟踪检测。

3.2.7 抗 dsDNA 抗体检测建议以短膜虫 IIF 或放射免疫法（Farr 法）或 ELISA 检测，结合临床需要，可进行 2 种方法平行检测：抗 dsDNA 抗体检测的常用方法是 IIF 法或放射免疫法或 ELISA 方法。其中放射免疫法（Farr 法）检测高亲和力抗 dsDNA 抗体，在诊断 SLE 方面特异性高，但出于环境保护方面的考虑，这种方法的使用受到很大限制。IIF 法简单实用，是目前广泛使用的用于检测高亲和力和中等亲和力抗 dsDNA 抗体的方法，但是不能提供抗体准确的定量信息。ELISA 的检测敏感度高于 Farr 法和 IIF，也能够定量检测抗体，但有可能检测到没有临床意义的低亲和力抗体。有条件时，实验室可以用 2 种方法对抗 dsDNA 抗体进行检测，以相互印证。

3.2.8 抗 dsDNA 抗体作为 SLE 疾病活动性的监测指标之一，应定期进行检测：由于抗 dsDNA 抗体水平与 SLE 疾病活动度，尤其是 LN 密切相关，且抗体水平的升高可以出现在疾病复发之前，因此定量监测抗 dsDNA 抗体有助于 SLE 患者的临床病情评估。对于处于疾病活动期的患者，以每隔 6 ～ 12 周检测 1 次抗 dsDNA 抗体为宜，而对于病情较为稳定的患者，每隔 6 ～ 12 个月检测 1 次即可[20]。Farr 法和 ELISA 都可以对抗体水平给出准确的定量结果，但两者相比，ELISA 更为经济。

3.2.9 对疑诊为 RA 的患者，应进行包括 RF、抗 CCP 抗体在内的相关自身抗体的联合检测，以提高 RA 的早期诊断率：对疑诊为 RA 的患者，建议联合检测相关自身抗体，如 RF、抗 CCP 抗体、AKA、APF 等，以弥补单一抗体敏感性不足的缺点。由于 RF 阳性可见于其他多种自身免疫病（如 SS、SLE、SSc 等）、多种非自身免疫病（如感染及肿瘤等）以及少数健康人群，因此，不可单纯将 RF 阳性作为确诊依据，而应结合患者关节炎的临床特点、影像学依据及联合抗体检测结果等进行诊断。

3.2.10 诊断 APS 及评估血栓风险时，建议进行抗 CL 抗体、抗 β_2GPⅠ抗体、LA 等抗磷脂抗体的联合检测：与 APS 相关的抗磷脂抗体有多种，包括抗 CL 抗体、抗 β_2GPⅠ抗体、LA、抗凝血酶原抗体、抗磷脂酰丝氨酸抗体、抗磷脂酸抗体、抗磷脂酰乙醇胺抗体等。其中诊断标准中提及的抗 CL 抗体、抗 β_2GP Ⅰ抗体、LA 任一种阳性均可以提示 APS 的诊断。在这 3 种抗体中，LA 是血栓病变的最强风险因子；抗 CL 抗体诊断 APS 的敏感性较高，但特异性较低；抗 β_2GPⅠ抗体是致病性抗体，特异性较高。建议对疑诊患者联合检测这些自身抗体，不仅可以避免漏诊，还能够更全面地评价血栓性疾病和病态妊娠的发病风险。阳性结果需要在 12 周后复查确认。

3.2.11 对临床疑诊为 ANCA 相关性血管炎的患者建议进行 ANCA 测定，并针对抗 PR3 及抗 MPO 特异性抗体进行检测：作为疾病活动性的监测指标之一，建议对抗 PR3 及 MPO 抗体定期进行定量检测。ANCA 阳性对 ANCA 相关性血管炎的诊断有重要意义。因此，对于疑诊患者建议行 ANCA 检测。

ANCA 在中性粒细胞胞质中有多种靶抗原，包括 PR3、MPO、组织蛋白酶 G（CG）、乳铁蛋白等。其中 PR3（属胞质型 ANCA 即 cANCA）和 MPO（属核周型 ANCA 即 pANCA）与 ANCA 相关性血管炎有关。ANCA 阳性除见于 ANCA 相关性血管炎外，还可出现在炎性肠病、自身免疫性肝病、其他自身免疫病、淋巴瘤以及药物性或感染性疾病等，但靶抗原并非 PR3 或 MPO。

ANCA 的检测方法以 IIF 法及 ELISA 法为主。IIF 法敏感性较高，是区分 cANCA 和 pANCA 的基础。但 IIF 法测定的是总 ANCA，不能区分靶抗原。因此，当 IIF 法检测 ANCA 荧光核型为阳性（cANCA 或 DANCA 阳性）或临床疑诊为 ANCA 相关性血管炎时，应进一步用 ELISA 法对抗 PR3 或抗 MPO 特异性抗体进行检测，以增加对 ANCA 相关性血管炎诊断的特异性。在临床实践中，联合 IIF 和 ELISA 是检测 ANCA 的最佳方法。

由于抗 PR3 及 MPO 抗体滴度与病情活动性一致，因此，可用做判断疗效及评估复发的指标，定期进行监测有助于指导临床治疗。

3.2.12 器官特异性自身免疫病如肝脏、中枢神经系统、血液系统、甲状腺等疾病，进行自身抗体检测有助于与非自身免疫病或非抗体介导的自身免疫病等进行鉴别：特定器官受累的自身免疫病如自身免疫性肝病、甲状腺疾病、中枢神经系统疾病等，在与非免疫相关性疾病进行鉴别时，相关自身抗体的检测有重要意义。如 AMA-M2 在 PBC 诊断中的高度特异性，有助于与药物性肝损害、病毒性肝炎等疾病进行鉴别；又如抗 TG 抗体和抗 TPO 抗体可为自身免疫性甲状腺炎的诊断提供有力证据。因此，自身抗体的检测有助于器官特异性自身免疫病的诊断。

3.2.13 新自身抗体在自身免疫病诊断及疾病监测中的作用还需要临床验证和探讨，临床工作中医生应根据患者具体情况合理选用：近年来，越来越多的新抗体被证实在自身免疫病的诊断和监测中有潜在的临床意义，有的已经被列入最新的疾病诊断标准，如抗 CCP 抗体在 RA 的诊断中有重要价值，已被列入 2010 年最新分类标准。随着科学的发展，会有更多的自身抗体被发现，更多的自身抗体应用于临床。其中不乏部分抗体由于其更为优越的敏感性及特异性被逐渐认可、广泛应用，甚至代替原有指标用于临床。临床医师和检验医师既是医学知识的实践者也是循证医学研究的参与者，在诊疗过程中，应该对每例患者进行客观、具体、全面的分析，选择适当的新自身抗体检测项目，为自身免疫病的诊断和管理提供依据。

声明：《自身抗体检测在自身免疫病中的临床应用专家建议》是根据已有的证据和专家观点达成，仅供参考。临床实际应用时，自身抗体检测结果必须结合其他与特定疾病相关的临床资料，综合分析后，才能用于疾病诊断、监测和预后估计

整理者：贾园，贾汝琳，姚海红（100044，北京大学人民医院风湿免疫科）

专家组成员（按姓氏笔画排序）：于峰（北京大学第一医院）；王兰兰（四川大学华西医院）；王传新（山东大学齐鲁医院）；王江滨（吉林大学中日联谊医院）；王晓川（上海复旦大学附属儿科医院）；王良录（中国医学科学院北京协和医院）；邓安梅（第二军医大学附属长海医院）；邓小虎（解放军总医院）；尹艳慧（北京大学医学部）；牛屹东（北京大学人民医院）；孙尔维（南方医科大学第三附属医院）；孙桂荣（青岛大学医学院附属医院）；孙凌云（南京大学医学院附属鼓楼医院）；包广宇（江苏省扬州市第一人民医院）；石桂秀（厦门大学附属第一医院）；仲人前（第二军医大学附属长征医院）；朱平（第四军医大学西京医院）；李莉（上海交通大学附属第一人民医院）；李晓军（南京军区南京总院）；李永哲（中国医学科学院北京协和医院）；李霞（大连医科大学）；刘海英（广州市妇女儿童医疗中心）；刘彦虹（哈尔滨医科大学第二附属医院）；闰惠平（首都医科大学北京佑安医院）；朱军（北京肿瘤医院）；许大康（杭州师范大学医学院）；陈同辛（上海儿童医学中心）；陈红松（北京大学人民医院）；沈立松（上海交通大学医学院附属新华医院）；沈南（上海交通大学附属仁济医院）；沈燕（郑州大学第一附属医院）；张忠英（厦门大学附属中山医院）；张煊（中国医学科学院北京协和医院）；张明徽（清华大学医学院）；张缪佳（南京医科大学附属第一医院）；汪运山（山东大学附属济南市中心医院）；肖瑶（中国疾病预防控制中心）；邵宗鸿（天津医科大学总医院）；杨光（军事医学科学院）；严冰（四川大学华西医院）；周琳（第二军医大学附属长征医院）；范列英（上海同济大学附属东方医院）；府伟灵（第三军医大学第一附属医院）；欧启水（福建医科大学附属第一医院）；郑文洁（中国医学科学院北京协和医院）；郭建萍（北京大学人民医院）；郭林（复旦大学附属肿瘤医院）；赵东盅（第二军医大学附属长海医院）；胡成进（济南军区总院）；姜傥（中山医科大学附属第一医院）；姜小华（解放军第八五医院）；夏晴（军事医学科学院生物医学分析中心）；赵义（首都医科大学宣武医院）；洪超（苏州大学生物医学研究院）；栗占国（北京大学人民医院）；高锋（上海交通大学附属第六人民医院）；高春芳（第二军医大学附属东片肝胆外科医院）；徐沪济（第二军医大学长征医院）；秦雪（广西医科大学第一附属医院）；陶矗华（浙江医科大学第二附属医院）；贾园（北京大学人民医院）；崔天盆（武汉市第一医院）；崔勇（安徽医科大学第一附属医院）；续薇（吉林大学第一医院）；梅轶芳（哈尔滨医科大学第一附属医院）；曾小峰（中国医学科学院北京协和医院）；曾常茜（大连大学医学院）；韩文玲（北京大学医学部）；靳洪涛（河北医科大学第二医院）；赖蓓（北京医院）；鲍嫣（第二军医大学附属长征医院）；蔡枫（上海市中医院）；鞠少卿（南通大学公共卫生学院）

参考文献

[1] Guyatt GH，Oxman AD，Vist GE，et al．GRADE：an emergingconsensus on rating quality of evidence and strength of recommendations［J］．BMJ，2008，336：924-926．

[2] Damoiseaux JG. Tervaert JW. From ANA to ENA：how toproceed? [J]. Autoimnmn Rev，2006，5：10-17.

[3] Tan EM，Cohen AS，Fries JF，et a1. The 1982 revised criteriafor the classification of systenfic lupus erythematosus [J]. ArthritisRheum，1982，25：127l-1277.

[4] Linnik MD，Hu JZ，Heilbrunn KR，et al. Relationship between anti-double-stranded DNA antihodies and exacerbation of renaldisease in patients with systemic lupus erythematosus [J]. ArthritisRheum，2005，52：1129-1137.

[5] G6mez-Puerta JA，Burlingame RW，Cervera R. Anti. ehromatin (anti-nucleosome) antibodies [J]. Lupus. 2006，15：408-411.

[6] Akhter E，Burlingame RW. Seaman AL，et al. Anti-Clq anti-bodies have higher correlation with flares of lupus nephritis thanother sernm markers [J]. Lupus. 2011. 20：1267-1274.

[7] Mok CC，Tang SS，To CH，et al. Incidence and risk factors ofthromboembolism in systemic lupus erythematosus：a comparisonof three ethnic groups [J]. Arthritis Rheum，2005，52：2774-2782.

[8] Bosch X，Guilabert A，Font J. Antineutrophil cytoplasmic anti-bodies [J]. Lancet，2006，368：404-418.

[9] Aletaha D，Neogi T，Silman AJ，et al. 2010 rheumatoid arthritisclassification criteria：an American College of Rheumatology/European League Against Rheumatism collaborative initiative [J] Arthritis Rheum，2010，62：2569-2581.

[10] Van Venrooij WJ，van Beers JJ，Pmijn GJ. Anti-CCP antibod-ies：the past，the present and the future [J]. Nat Rev Rheumatol，2011. 7：39l-398.

[11] Muratofi P，Muratori L，Ferrari R，et al. Characterization andclinical impact of antinuclear antibodies in primary biliary cirrhosis [J]. Am J Gastroenteml，2003，98：431-437.

[12] Lindor KD，Gershwin ME，Poupon R，et al. Primary biliary cirrhosis [J]. Hepatology，2009，50：291-308.

[13] Dahnau J，Lancaster E，Martinez-Hernandez E，et al. Clinicalexperience and laboratory investigations in patients with anti-NMDAR encephalitis [J]. Lancet Neurol，2011，10：63-74.

[14] Jarius S,Paul F,Franciotta D,et al.Mechanisms of disease：aquaporin-4 antibodies in neuromyelitis optica[J]. Nat Clin PractNeuml，2008，4：202-214.

[15] Garber JR，Cobin RH，Gharib H，et al. Clinical practice guide-lines for hypothyroidism in adults：cosponsored by the AmericanAssociation of Clinical Endocrinologists and the American Thy-roid Association [J]. Thyroid，20l2，22：1200-1235.

[16] Bingley PJ，Bonifacio E，Mueller PW. Diabetes antibody stan-dardization program：first assay proficiency evaluation [J]. Diabetes，2003，52：1128-1136.

[17] Husby S，Koletzko S，Korponay-Szab6 IR，et al. European society for pediatric gastroenterology，hepatology，and nutritionguidelines for the diagnosis of eoeliac disease [J]. J Pediatr Gas-troenterol Nutr，2012. 54：136-160.

[18] Agmon-Levin N，Damoiseaux J，Kallenberg C，et al. Intemation-al recommendations for the assessment of autoantibodies to cellu. 1ar antigens referred to as anti-nuclear antibodies [J]. Ann RheumDis，2014，

73：17-23.
[19] Meroni PL，Sehur PH. ANA screening：an old test with new recomnlendations [J]. Ann Rheum Dis，2010，69：1420-1422.
[20] Kavanaugh A，Tomar R，Reveille J，et a1. Guidelines for clinicaluse of the antinnclear antibody test and tests for specific autoanti-bodies to nuclear antigens. American College of Pathologists [J]. Arch Pathol Lab Med，2000，124：71-81.

（收稿日期：2014-05-06）

附录二　临床实验室检验项目参考区间的制定

（WS/T 402-2012）

中华人民共和国卫生部发布

前　言

本标准根据 GB/T1. l—2009 给出的规则起草。

本标准由卫生部临床检验标准专业委员会提出。

本标准起草单位：第四军医大学西京医院、中国医科大学附属第一医院、复旦大学附属中山医院、北京大学第三医院、四川大学华西医院、广东省中医院、卫生部临床检验中心。

本标准主要起草人：郝晓柯、尚红、潘柏申、张捷、王兰兰、黄宪章、陈文祥、马越云、郑善空、周铁成、彭道荣。

临床实验室检验项目参考区间的制定

1 范围

本标准规定了临床实验室检验项目参考区间制定的技术要求及操作过程。本标准适用于临床实验室对检验项目参考区间的制定。

2 规范性引用文件

下列文件对于本文件的应用是必不可少的。凡是注目期的引用文件，仅注日期的版本适用于本文件。凡是不注日期的引用文件，其最新版本（包括所有的修改字）适用于本文件。

WS/T225 临床化学检验血液标本的收集与处理

3 术语和定文

下列术语和定义适用于本文件。

3.1

参考个体 referenceindividuaI

按明确标准选择的用作检验对象的个体。

注：通常是符合特定标准的健康个体。

3.2

参考人群　reference population

由所有参考个体组成的群体。

注：通常参考人群中的个数是未知的，因此参考人群是一个假设实体。

3.3

参考样本组　reference sampIe group

从参考人群中选择的用以代表参考人群的足够数量的个体。

3.4

参考值 referencevalue

通过对参考个体某一特定量进行观察或者测量而得到的值（检验结果）。

注：参考值从参考样本组中获得。

3.5

参考分布 referencedistribution

参考值的分布。

注：参考人群的分布和分布参数可用参考样本组的分布和适宜的统计方法估计。

3.6

参考限 referencelimit

源自参考分布用于分类目的的值。

注：参考限使规定部分的参考值分别小于等于或大于等于的下侧或上侧限值，参考限将参考值分类，参考限可能会与其他各种类型的医学决定限不同。

3.7

参考区间 reference range

两参考限之间（包括两参考限）的区间（参见附录 A）。

注 1：参考区间是指从参考下限到参考上限的区间，通常是中间 95% 区间。在某些情况下只有一个参考限具有临床意义，通常是参考上限，这时的参考区间是 0 到餐考上限。

注 2：参考区间在我国通常又称为“参考范围”、“正常范刷”、“正常值”等，但“参考区间”是目前国际通用规范术语。

4 参考个体选择

4.1 参考个体的筛选和分组

4.1.1 设计参考个体筛选标准

筛选参考个体时，应尽可能排除对结果有影响的因素，并设计详尽的调查表（参见附录 B）以排除不符合要求的个体。针对不同的检验项目筛选标准不尽相同，主要考虑的因素有：

a）饮酒情况（如酗酒）；

b）长期或近期献血；

c）血压异常；

d）近期与既往疾病；

e）妊娠、哺乳期；

f）药物（包括药物滥用、处方药、非处方药及避孕药等）；

g）肥胖；

h）吸毒；

i）特殊职业；

j）环境因素；

k）饮食情况（如素食、节食等）；

l）近期外科手术；

m）吸烟；

n）遗传因素；

o）输血史；

p）滥用维生素；

q）运动。

以上因素可用于筛选健康相关的参考个体，但需要注意两点：一是这些因素并不全面；二是不同的检验项目在筛选参考个体时，不一定要将上述指标全部纳人，筛选标准的增加或减少，要视其性质而定。

4.1.2 参考个体的分组

根据所筛选参考个体的特征进行分组。最常用的方式是按性别或年龄进行分组，下面列了一些可考虑的分组因素：

a）年龄；

b）性别；

c）血型；

d）种族；

e）昼夜节律；

f）取样时的状态及时间；

g）月经周期；

h）妊娠时期；

i）锻炼（运动）；

j）饮食；

k）吸烟；

l）职业；

m）其他。

4.2 参考个体选择

参考个体选择应保证研究对象的同质性，如调查季节、时间或空腹与否等。除 4.1 要求外，应按随机抽样方案选择参考个体。用于参考值检测的个体应尽可能涵盖各年龄组内不同年龄，不应集中在某一年龄段，应尽可能地接近使用该项目的临床患者的分布组成，男女个体数量相当，而且在地理区域选择上应具有代表性。除非是设计需要，否则不要选择住院或门诊病人。

5 参考样本分析前的准备

5.1 分析前准备内容

影响参考样本试验结果的因素有多种，包括分析前、分析中和分析后因素等。各种类型自动化分析仪的引进大大提高了临床分析的精密度，同时检测方法学的改进和校准品质量的提高，使得分析的准确度得到很大提高。但是分析前的影响因素常被临床医生和检验工作者所忽视。因此，应注意参考样本分析前的准备，主要有参考个体的状态、样本的数量、样本的采集、样本的处理与储存等几个方面。

5.2 参考个体的状态

参考个体的状态指对临床决策具有影响的状态。样本采集前是否空腹会对多种检验项目有直接或间接的影响，而长期节食也会造成许多指标的改变。另外，咖啡因、酒精、香烟和维生素 C 等也会影响许多分析物的性质，如改变一些酶类的活性。因此，应对照表 1 中列举的各因素进行参考个体。保证各种状态良好方可进行血液标本的检测。

表 1 分析前的考虑因素

主体准备	样本采集	样本处理
先前的饮食	采集时的环境情况	运送方式
进食或非禁食	时间	样本状态
药物禁忌	身体姿势	血清血浆的分离（高心转速）
药物摄取	样本类型	储存
生物节奏和取样时间	采集地点	分析准备
身体活动	采集准备	试剂
采集前的休息时期	血流	检测系统
压力或情绪	仪器或技术	—

5.3 样本数量

5.3.1 以非参数方法估计样本的参考区间，至少需要 120 例，若需要分组则每组至少 120 人。若有离群值，则在剔除离群值后成补足。样本量最少为 120 是为了保证能正确估计参考限的 90% 置信区同，若按 99% 置信区同估计，则最少需 198 例。

5.3.2 对于新生儿、幼儿、老年人等样本难以获得的人群，样本量可小于 120 例，但无论样本量为多少，均应采用非参数方法进行统计，并报告相应的百分位数。此外，还可以选用稳健法计算，该方法所需的最小样本量为 20。

5.3.3 样本的分组，应在考虑临床实用性和是否符合生理要求的情况下，按照性别、年龄或其他因素进行。

5.4 样本采集

5.4.1 实验室应对样本的采集、处理和储存制定操作手册，有助于临床医师解读患者检测结果。

5.4.2 如果检测样本选择了血液，则应区分样本是动脉血、静脉血还是毛细管血，如需使用抗凝剂，应该使用哪种抗凝剂等。静脉血样本采集时应严格按照皮肤穿刺采集诊断血液样本的程序，应符合 WS/T225 的规定。

5.4.3 若为其他体液样本如尿液、脑脊液或唾液等，也应规定相应的样本采集、加工和处理程序。

5.5 祥本处理与储存

严格按照 WS/T225 的规定进行。

6 参考值数据的检测、要求和分析

6.1 检测系统的要求

检测系统要求如下：

a）参加室间质评，成绩合格。

b）进行室内质控，变异系数（CV）在允许的范围内。

c）条件允许时，应对使用的检测系统进行精密度、正确度的验证。

d）配套系统应要求厂家提供校准品溯源性证明材料。

e）非配管系统应与配套系统进行比对试验，偏倚在允许的范围内。

f）仪器操作步骤应严格按照生产厂商的要求或作业指导书进行，并准确无误地记录检测所得出的参考值数据。

6.2 参考值数据检测的要求和分析

6.2.1 检测数据离群的判断

6.2.1.1 在检测的数据中，如果有疑似离群的数据，应将疑似离群值的检测结果和其相邻值的差 D 和数据全距 R 相除，若 D/R ≥ 1/3 考虑为离群值。

6.2.1.2 若有两个以上疑似离群值，可将最小的疑似离群值作如上处理，若都大于 1/3，则需要将所有点都剔去；若都小于 1/3，则保留所有数据。

6.2.1.3 剔除离群值后若样本量不足 120 例，则需补足。

6.2.2 绘制分布图

绘制分布图的目的是了解所测得的数据的分布特性，判断资料是否正态分布，如果是，则可采用 $\bar{x}\pm1.96s$ 确定参考区间。

7 参考值分析

7.1 参考值的划分

根据检验与临床的专业知识确定，参考区间有单侧参考限和双侧参考限。

7.2 参考限的置信区间

采用非参数方法计算参考区间上下限各自的 90% 置信区间。

8 参考区间的验证

8.1 直接使用分析厂家或其他实验室提供参考区间的原始资料，内容包括分析前、分析中和分析后程序，参考区间的估计方法，以及参考人群地理分布和人口统计学资料等。若实验室判断自己的情况与这些资料一致，则参考区间可不经验证直接使用。

8.2 小样本验证

若实验室希望或需要对参考区间进行验证．则实验室可以从本地参考人群中筛选少量参考个体（n=20），将其测得值与参考区间的原始参考值相比较。需要注意的是：分析前和分析中因素应与参考区间提供实验室相一致。

按照筛选标准从本地参考人群中募集参考个体 20 人，采样并测定，测定值剔除离群值后若不满 20 例需补足。将这 20 个测定值与需验证的参考区间比较，若落在参考限外的测定值不超过 2 个，则该参考区间可直接使用；若 3 个或 3 个以上测定值超出，则需重新筛选 20 人，重复上述操作，同样若不超过 2 个测定值超出该参考区间的则可以使用，若仍然有 3 个或 3 个以上测定值超出，则实验室应重新检查所用的分析程序，考虑是否有人群差异，考虑是否需要自己建立参考区间。

8.3 大样本验证

对于某些重要项目的参考区间验证，实验室可以加大参考个体的样本量（n=60），将其测得值与参考区间的原始参考值相比较。同样，实验室的分析前和分析中因素应与提供参考区间的实验室一致。在统计学上，随着样本量的增加，利用统计原理发现实验室间人群差异的能力会更强。

按筛选标准得到参考个体，测定参考值，将其与需验证的参考区间比较，判断它们之间的差异是否显著。若没有显著性差异存在，则可以接受由制造商或其他实验室提供的参考区间；若有差异，一是实验室自己再增加参考个体的样本量达到 IFCC 制定参考区间最少样本量的要求，制定符合本地人群特征的参考区间；二是使用稳健法，直接利用这 60 名参考个体所提供的参考值计算参考区间。

不论是样本大小，若已知实验室所在地人群和参考区间原始人群之间在地理分布、人口统计学方面有差异，则没有必要验证，应考虑建立新的符合本地人群特征的参考区间。

9 参考区间确定

9.1 参考区间统计方法

9.1.1 正态分布统计

若数据呈正态分布，或检测数据经转换后亦呈正态分布，可接$\bar{x} \pm 1.96s$ 表示 95% 数据分布范围，或者$\bar{x} \pm 2.58s$ 表示 99% 分布范围。

如，首先按统计学原理计算出$\bar{x}$及标准差 s，并按 95% 置信区间，确定参考区间为$\bar{x} \pm 1.96s$。

9.1.2 偏态分布统计

如果检测数据呈偏态分布，则可采用非参数法处理。将 n 个参考个体的观察值按从小到大的顺序排列，编上秩次：$x_1 \leqslant x_2 \leqslant \cdots \leqslant x_n$，$x_1$，和 x_n 分别为全部观察值的最小值和最大值。把这 n 个秩次分为 100 等分，与 r% 秩次相对应的数称为第 r 百分位数，以符号 P，表示。那么参考下限和参考上限的秩次可以分别用 $P_{2.5}$ 和 $P_{97.5}$ 表示，用 $r=0.025(n+1)$ 和 $r=0.975(n+1)$ 计算，若计算值不是整数，可将它们四舍五入后取整。

9.2 参考区间的分组

参考区间是否需要分组主要根据不同检验项目的临床意义。若需要则应作 Z 检验，以确定分组后的均值间有无统计上的显著性差异。

如，可将 120 个参考数据按分组要求分成两组（如：男、女或年龄两组），两个组的参考数据的个数较为接近。Z 值计算见公式（1）：

$$Z=\frac{\bar{x}_1-\bar{x}_2}{\sqrt{\frac{s_1^2}{n_1}+\frac{s_2^2}{n_2}}} \qquad \cdots\cdots (1)$$

式中：

$\bar{x}_1$——第一组的均值；

$\bar{x}_2$——第二组的均值；

s_1——第一组的标准差；

s_2——第二组的标准差；

n_1——第一组的个数；

n_2——第二组的个数。

Z 判断限值（Z^*）见公式（2）：

$$Z^*=3\sqrt{\frac{n}{120}}=3\sqrt{\frac{n_1+n_2}{240}} \qquad \cdots\cdots (2)$$

另外：如 $s_2 > 1.5s_1$，或 $s_2/(s_2-s_1) < 3$，可以考虑分组；若计算 Z 值超过 Z^*，也可以考虑分组。

附录 A
（资料性附录）
参考区间相关问题

A.1 参考区间描述

每一个定量的临床检测结果应与适当的参考区间相一致。在含有许多检测结果的报告中应包括检测这些参数的某种方法，而不只是参考区间。所确定的参考区间应反映亚组的区分，如性别、年龄等，尤其对于特殊群体，亚组的区分具有重要的意义。在报告中应使用术语“参考区间”，而不是使用“正常值”或“正常参考值”。

描述参考群体和参考区间应文件化，并存放在实验室操作者随手可得的地方。当实验室的某一个变化影响参考区间时，应随时更新文.件，并详细记录参考区问变化的原因，包括参考群体的数量、统计学分析、健康标准的评估、参考样本的排除和区分标准以及分析使用的检测方法。

A.2 临界值（医学决定界限）

该文件不是描述“临界值”或其他医学决定限。医学决定限不同于参考区间，它是基于其他的科学和医学知识建立起来的。它与参考区间的得出方式是不同的，通常与某些特定的医学条件相关。

附录 B
（资料性附录）
参考个体调查问诊表

参考个体调查问诊表见表 B.1。

表 B.1　参考个体调查问诊表

姓名：__________　　性别：__________　　年龄：__________岁

体重：__________ kg　　身高：__________ cm　　出生地：__________省

现住址：______________________________________

	项目	结果
	1. 现在是否健康?	否 是 如果否，话描述：
	2. 现在是否就医治疗?	否 是 如果是，请描述：
	3. 现在是否服药?	否 是 如果是，请描述：
	4. 是否特殊饮食?	否 是 如果是，请描述：
	5. 是否高血压?	否 是 如果是，请描述：
	6. 是否定期运动?	否 是 如果是，请描述：
	7. 是否吸烟?	否 是→（□ 20 支以下 / 日 □ 20 支以上 / 日）
医生填写同诊	8. 是否饮酒?	否 是→（□啤酒 □老酒 □白酒）→ mL/ 日
	9. 请选择家庭生活饮用的主要饮用水：	□自来水 □纯净水 □天然矿泉水 □其他
	10. 请选择家庭饮食使用的主要水来源：	□自来水 □纯净水 □天然矿泉水 □其他
	11. 请选择家庭饮食含油量高的食物摄取频度：	□每日 □约 3 日 / 周 □ 1 日 / 周 □其他
	12. 请选择依食常用的油类：	□动物油 □植物油 □两者皆有
	13. 请选择饮食常用植物油的种类：	□调和油 □豆油 □菜油 □其他
	14. 只限女性回答 是否处于妊娠期? 是否处于月经期?	 否 是 否 是
医生填写判断	是否符合参考个体?	否 是
采血人员填写	采血情况	□采血顺利 □采血困难 □止血困难 □其他

参考文献

[1] National Commlttee for Clinical Laboratory Standards. How to define, defermine, and utilize reference intervals in the clinical laboralory; approved guideline. NCCLS Document C28-A. Wayne (PA): NCCLS; 1995 June 59p.

[2] National Commitee for Clinical Labora1ory Standards. Interfcrence testing in clinical chem-istry. Proposed

Guideline．NCCLS document EP7．Wayne（PA）：NCCLS；1986.

[3] Sizaret Ph，Anderson SG．The internat.iona1 reference preparation for alpha-fetoprotein．J Biol Standardization 1976；4: 149.

[4] 冯仁丰．临床检验质量管理技术基石出．2 版．上海：上海科学技术文献出版社，2007．4.

附录三　推荐阅读文献

1．中国免疫学会临床免疫分会．自身抗体检测在自身免疫病中的临床应用专家建议 [J]．中华风湿病学杂志，2014,18（7）：437-443．

2．姚海红，贾汝琳，贾园，等．2011 年全国多中心自身抗体检测质量控制结果分析 [J]．中华风湿病学杂志，2012，16（12）：825-829．

3．Mierau R，Moinzadeh P，Hunzelmann N，et al．Frequency of disease-associated and other nuclear autoantibodies in patients of the German Network for Systemic Scleroderma：correlation with characteristic clinical features．Arthritis Res Ther，2011，13（5）：R172．

4．Olaussen E，Rekvig OP．Screening tests for antinuclear antibodies（ANA）：selective use of central nuclear antigens as a rational basis for screening by ELISA．J Autoimmun，1999，13（1）：95-102．

5．Villalta D，Imbastaro T，Bizzaro N，et al．Diagnostic accuracy and predictive value of extended autoantibody profile in systemic sclerosis．Autoimmun Rev，2012，12（2）：114-120．

6．Arbuckle MR，McClain MT，Harley JB，et al．Development of autoantibodies before the clinical onset of systemic lupus erythematosus．N Engl J Med．2003 Oct 16；349（16）：1526-1533．

7．Peene I，Meheus L，Veys EM，et al．Detection and identification of antinuclear antibodies（ANA）in a large and consecutive cohort of serum samples referred for ANA testing．Ann Rheum Dis．2001 Dec；60（12）：1131-6．

8．Li BA，Liu J，Hou J，et al．Autoantibodies in Chinese patients with chronic hepatitis B：prevalence and clinical associations．World J Gastroenterol．2015 Jan 7；21（1）：283-91．

9．Hoffman IE，Peene I，Meheus L，et al．Specific antinuclear antibodies are associated with clinical features in systemic lupus erythematosus．Ann Rheum Dis．2004 Sep；63（9）：1155-8．

10．Mejri K，Abida O，Kallel-Sellami M，et al．Spectrum of autoantibodies other than anti-desmoglein in pemphigus patients．J Eur Acad Dermatol Venereol．2011 Jul；25（7）：774-81．

11．van der Pol P，Bakker-Jonges LE，Kuijpers JHSAM，et al．Analytical and clinical comparison of two fully automated immunoassay systems for the detection of autoantibodies to extractable nuclear antigens．Clin Chim Acta．2018 Jan；476：154-159．

12．Robier C，Amouzadeh-Ghadikolai O，Stettin M，et al．Comparison of the clinical utility of the Elia CTD Screen to indirect immunofluorescence on Hep-2 cells．Clin Chem Lab Med．2016 Aug 1；54（8）：1365-70．

13．Wirestam L，Schierbeck H，Skogh T，et al．Antibodies against High Mobility Group Box protein-1（HMGB1）versus other anti-nuclear antibody fine-specificities and disease activity in systemic lupus erythematosus．Arthritis Res Ther．2015 Nov 23；17：338．

13．Su Y，Jia RL，Han L，et al．Role of anti-nucleosome antibody in the diagnosis of systemic lupus erythematosus．Clin Immunol．2007 Jan；122（1）：115-20．

14. Skiljevic D, Jeremic I, Nikolic M, et al. Serum DNase I activity in systemic lupus erythematosus: correlation with immunoserological markers, the disease activity and organ involvement. Clin Chem Lab Med. 2013 May; 51 (5): 1083-91.
15. Suer W, Dähnrich C, Schlumberger W, et al. Autoantibodies in SLE but not in scleroderma react with protein-stripped nucleosomes. J Autoimmun. 2004 Jun; 22 (4): 325-34.
16. Eriksson C, Engstrand S, Sundqvist KG, et al. Autoantibody formation in patients with rheumatoid arthritis treated with anti-TNF alpha. Ann Rheum Dis. 2005 Mar; 64 (3): 403-7.
17. Czaja AJ, Ming C, Shirai M, et al. Frequency and significance of antibodies to histones in autoimmune hepatitis. J Hepatol. 1995 Jul; 23 (1): 32-8.
18. He J, Chen QL, Li ZG. Antibodies to alpha-fodrin derived peptide in Sjögren' s syndrome. Ann Rheum Dis. 2006 Apr; 65 (4): 549-50.
19. Mahler M, Maes L, Blockmans D, et al. Clinical and serological evaluation of a novel CENP-A peptide based ELISA. Arthritis Res Ther. 2010; 12 (3): R99.
20. van der Pol P, Bakker-Jonges LE, Kuijpers JHSAM, et al. Analytical and clinical comparison of two fully automated immunoassay systems for the detection of autoantibodies to extractable nuclear antigens. Clin Chim Acta. 2018 Jan; 476: 154-159.
21. Scholz J, Grossmann K, Knütter I, et al. Second generation analysis of antinuclear antibody (ANA) by combination of screening and confirmatory testing. Clin Chem Lab Med. 2015 Nov; 53 (12): 1991-2002.
22. Madrid FF, Maroun MC, Olivero OA, et al. Autoantibodies in breast cancer sera are not epiphenomena and may participate in carcinogenesis. BMC Cancer. 2015 May 15; 15: 407.
23. Mahler M, Fritzler MJ. PM1-Alpha ELISA: the assay of choice for the detection of anti-PM/Scl autoantibodies? Autoimmun Rev. 2009 Mar; 8 (5): 373-8.
24. Nandiwada SL, Peterson LK, Mayes MD, et al. Ethnic Differences in Autoantibody Diversity and Hierarchy: More Clues from a US Cohort of Patients with Systemic Sclerosis. J Rheumatol. 2016 Oct; 43 (10): 1816-1824.
25. Ghirardello A, Doria A, Zampieri S, et al. Antinucleosome antibodies in SLE: a two-year follow-up study of 101 patients. J Autoimmun. 2004 May; 22 (3): 235-40.
26. Damoiseaux J, Csernok E, Rasmussen N, et al. Detection of antineutrophil cytoplasmic antibodies (ANCAs): a multicentre European Vasculitis Study Group (EUVAS) evaluation of the value of indirect immunofluorescence (IIF) versus antigen-specific immunoassays. Ann Rheum Dis. 2017 Apr; 76 (4): 647-653.
27. Bossuyt X, Cohen Tervaert JW, Arimura Y, et al. Position paper: Revised 2017 international consensus on testing of ANCAs in granulomatosis with polyangiitis and microscopic polyangiitis. Nat Rev Rheumatol. 2017 Nov; 13 (11): 683-92.
28. Short AK, Esnault VL, Lockwood CM. Anti-neutrophil cytoplasm antibodies and anti-glomerular basement membrane antibodies: two coexisting distinct autoreactivities detectable in patients with rapidly progressive glomerulonephritis. Am J Kidney Dis. 1995 Sep; 26 (3): 439-45.

29. Cui Z, Zhao J, Jia XY, et al. Clinical features and outcomes of anti-glomerular basement membrane disease in older patients. Am J Kidney Dis. 2011 Apr; 57 (4): 575-82.
30. Nasr SH, Collins AB, Alexander MP, et al. The clinicopathologic characteristics and outcome of atypical anti-glomerular basement membrane nephritis. Kidney Int. 2016 Apr; 89 (4): 897-908.
31. Behnert A, Schiffer M, Müller-Deile J, et al. Antiphospholipase A receptor autoantibodies: a comparison of three different immunoassays for the diagnosis of idiopathic membranous nephropathy. J Immunol Res. 2014; 2014: 143274.
32. Wei SY, Wang YX, Li JS, et al. Serum Anti-PLA2R Antibody Predicts Treatment Outcome in Idiopathic Membranous Nephropathy. Am J Nephrol. 2016; 43 (2): 129-40.
33. Kanigicherla D, Gummadova J, McKenzie EA, et al. Anti-PLA2R antibodies measured by ELISA predict long-term outcome in a prevalent population of patients with idiopathic membranous nephropathy. Kidney Int. 2013 May; 83 (5): 940-8.
34. Radice A, Trezzi B, Maggiore U, et al. Clinical usefulness of autoantibodies to M-type phospholipase A2 receptor (PLA2R) for monitoring disease activity in idiopathic membranous nephropathy (IMN). Autoimmun Rev. 2016 Feb; 15 (2): 146-54.
35. Debiec H, Ronco P. Nephrotic syndrome: A new specific test for idiopathic membranous nephropathy. Nat Rev Nephrol. 2011 Aug 9; 7 (9): 496-8.
36. Debiec H, Ronco P. PLA2R autoantibodies and PLA2R glomerular deposits in membranous nephropathy. N Engl J Med. 2011 Feb 17; 364 (7): 689-90.
37. Seiffert-Sinha K, Khan S, Attwood K, et al. Anti-Thyroid Peroxidase Reactivity Is Heightened in Pemphigus Vulgaris and Is Driven by Human Leukocyte Antigen Status and the Absence of Desmoglein Reactivity. Front Immunol. 2018 Apr 5; 9: 625.
38. Matana A, Popović M, Boutin T, et al. Genome-wide meta-analysis identifies novel gender specific loci associated with thyroid antibodies level in Croatians. Genomics. 2018 Apr 18. pii: S0888-7543 (18) 30242-8.
39. Perchard R, MacDonald D, Say J, Pitts J, et al. Islet autoantibody status in a multi-ethnic UK clinic cohort of children presenting with diabetes. Arch Dis Child. 2015 Apr; 100 (4): 348-52.
40. Lounici Boudiaf A, Bouziane D, Smara M, et al. Could ZnT8 antibodies replace ICA, GAD, IA2 and insulin antibodies in the diagnosis of type 1 diabetes? Curr Res Transl Med. 2018 Mar; 66 (1): 1-7.
41. 黄干，杨涛，刘煜，等. 中国胰岛自身抗体检测标准化计划报告：检测方法调查及准确性评估 [J]. 中华糖尿病杂志，2016，8 (12)：723-728.
42. Delic-Sarac M, Mutevelic S, Karamehic J, et al. ELISA Test for Analyzing of Incidence of Type 1 Diabetes Autoantibodies (GAD and IA2) in Children and Adolescents. Acta Inform Med. 2016 Feb; 24 (1): 61-5.
43. Esmaili N, Mortazavi H, Kamyab-Hesari K, et al. Diagnostic accuracy of BP180 NC16a and BP230-C3 ELISA in serum and saliva of patients with bullous pemphigoid. Clin Exp Dermatol. 2015 Apr; 40 (3): 324-30.
44. Eckardt J, Eberle FC, Ghoreschi K. Diagnostic value of autoantibody titres in patients with bullous

pemphigoid. Eur J Dermatol. 2018 Feb 1；28 (1)：3-12.

45. Gornowicz-Porowska J，Seraszek-Jaros A，Bowszyc-Dmochowska M，et al. Analysis of the autoimmune response against BP180 and BP230 in ethnic Poles with neurodegenerative disorders and bullous pemphigoid. Cent Eur J Immunol. 2017；42 (1)：85-90.

46. Schmidt E，Goebeler M，Hertl M，Sárdy M，et al. S2k guideline for the diagnosis of pemphigus vulgaris/ foliaceus and bullous pemphigoid. J Dtsch Dermatol Ges. 2015 Jul；13 (7)：713-27.

47. Feliciani C，Joly P，Jonkman MF，Zambruno G，et al. Management of bullous pemphigoid：the European Dermatology Forum consensus in collaboration with the European Academy of Dermatology and Venereology. Br J Dermatol. 2015 Apr；172 (4)：867-77.

48. Venning VA，Taghipour K，Mohd Mustapa MF，et al. British Association of Dermatologists' guidelines for the management of bullous pemphigoid 2012. Br J Dermatol. 2012 Dec；167 (6)：1200-14.

49. Damoiseaux J，van Rijsingen M，Warnemünde N，et al. Autoantibody detection in bullous pemphigoid：clinical evaluation of the EUROPLUS ™ Dermatology Mosaic. J Immunol Methods. 2012 Aug 31；382(1-2)：76-80.

50. Tampoia M，Zucano A，Villalta D，et al. Anti-skin specific autoantibodies detected by a new immunofluorescence multiplex biochip method in patients with autoimmune bullous diseases. Dermatology. 2012；225 (1)：37-44.

51. Ramos W，Díaz J，Gutierrez EL，et al. Antidesmoglein 1 and 3 antibodies in healthy subjects of a population in the Peruvian high amazon. Int J Dermatol. 2018 Mar；57 (3)：344-48.

52. Irene Russo，MD，Francesco Paolo De Siena，MD，Andrea Saponeri，BSc，and Mauro Alaibac，MD，PhD Monitoring Editor：Sergio Gonzalez Bombardiere. Evaluation of anti-desmoglein-1 and anti-desmoglein-3 autoantibody titers in pemphigus patients at the time of the initial diagnosis and after clinical remission. Medicine (Baltimore). 2017 Nov；96 (46)：e8801.

53. 寻常型天疱疮诊断和治疗的专家建议 [J]. 中华皮肤科杂志，2016，49 (11)：761-65.

54. Ariño H，Höftberger R，Gresa-Arribas N，et al. Paraneoplastic Neurological Syndromes and Glutamic Acid Decarboxylase Antibodies. JAMA Neurol. 2015 Aug；72 (8)：874-81.

55. Dahm L，Ott C，Steiner J，et al. Seroprevalence of autoantibodies against brain antigens in health and disease. Ann Neurol. 2014 Jul；76 (1)：82-94.

56. Dalmau J，Gleichman AJ，Hughes EG，et al. Anti-NMDA-receptor encephalitis：case series and analysis of the effects of antibodies. Lancet Neurol. 2008 Dec；7 (12)：1091-8.

57. Iizuka T，Kaneko J，Tominaga N，et al. Association of Progressive Cerebellar Atrophy With Long-term Outcome in Patients With Anti-N-Methyl-d-Aspartate Receptor Encephalitis. JAMA Neurol. 2016 Jun 1；73(6)：706-13.

58. 中华医学会神经病学分会. 中国自身免疫性脑炎诊治专家共识 [J]. 中华神经科杂志，2017，50 (2)：91-98. DOI：10. 3760/cma. j. issn. 1006-7876. 2017. 02. 004.

59. Willison H J，Gilhus NE Graus F，et al. Use of Antibody Testing in Nervous System Disorders. 06 September 2010

60. Couto CA，Bittencourt PL，Porta G，et al. Antismooth muscle and antiactin antibodies are indirect markers

of histological and biochemical activity of autoimmune hepatitis. Hepatology. 2014 Feb；59（2）：592-600.
61. Hintermann E，Holdener M，Bayer M，et al. Epitope spreading of the anti-CYP2D6 antibody response in patients with autoimmune hepatitis and in the CYP2D6 mouse model. J Autoimmun. 2011 Nov；37（3）：242-53.
62. Zachou K，Gampeta S，Gatselis NK，et al. Anti-SLA/LP alone or in combination with anti-Ro52 and fine specificity of anti-Ro52 antibodies in patients with autoimmune hepatitis. Liver Int. 2015 Feb；35（2）：660-72.
63. Nakamura M，Takii Y，Ito M，et al. Increased expression of nuclear envelope gp210 antigen in small bile ducts in primary biliary cirrhosis. J Autoimmun. 2006 Mar；26（2）：138-45. Epub 2005 Dec 6.
64. Liu H，Norman GL，Shums Z，et al. PBC screen：an IgG/IgA dual isotype ELISA detecting multiple mitochondrial and nuclear autoantibodies specific for primary biliary cirrhosis. J Autoimmun. 2010 Dec；35（4）：436-42.
65. de Liso F，Matinato C，Ronchi M，et al. The diagnostic accuracy of biomarkers for diagnosis of primary biliary cholangitis（PBC）in anti-mitochondrial antibody（AMA）-negative PBC patients：a review of literature. Clin Chem Lab Med. 2017 Nov 27；56（1）：25-31.
66. Züchner D，Sternsdorf T，Szostecki C，et al. Prevalence，kinetics，and therapeutic modulation of autoantibodies against Sp100 and promyelocytic leukemia protein in a large cohort of patients with primary biliary cirrhosis. Hepatology. 1997 Nov；26（5）：1123-30.
67. 中华医学会风湿病学分会. 自身免疫性肝病诊断和治疗指南 [J]. 中华风湿病学杂志，2011，15（8）：556-58.
68. Manns MP，Czaja AJ，Gorham JD，et al. American Association for the Study of Liver Diseases. Diagnosis and management of autoimmune hepatitis. Hepatology. 2010 Jun；51（6）：2193-213.
69. European Association for the Study of the Liver. EASL Clinical Practice Guidelines：Autoimmune hepatitis. J Hepatol. 2015 Oct；63（4）：971-1004.
70. 中华医学会肝病学分会，中华医学会消化病学分会，中华医学会感染病学分会等. 自身免疫性肝炎诊断和治疗共识（2015）. 中华肝脏病杂志，2016，24（1）：23-35.
71. Vermeire S，Joossens S，Peeters M，et al. Comparative study of ASCA（Anti-Saccharomyces cerevisiae antibody）assays in inflammatory bowel disease. Gastroenterology. 2001 Mar；120（4）：827-33.
72. Takaishi H，Kanai T，Nakazawa A，et al. Anti-high mobility group box 1 and box 2 non-histone chromosomal proteins（HMGB1/HMGB2）antibodies and anti-Saccharomyces cerevisiae antibodies（ASCA）：accuracy in differentially diagnosing UC and CD and correlation with inflammatory bowel disease phenotype. J Gastroenterol. 2012 Sep；47（9）：969-77.
73. Peeters M，Joossens S，Vermeire S，et al. Diagnostic value of anti-Saccharomyces cerevisiae and antineutrophil cytoplasmic autoantibodies in inflammatory bowel disease. Am J Gastroenterol. 2001 Mar；96（3）：730-4.
74. Craig WY，Ledue TB，Collins MF，et al. Serologic associations of anti-cytoplasmic antibodies identified during anti-nuclear antibody testing. Clin Chem Lab Med. 2006；44（10）：1283-6.

75. Ayesh MH, Jadalah K, et al. Association between vitamin B12 level and anti-parietal cells and anti-intrinsic factor antibodies among adult Jordanian patients with Helicobacter pylori infection. Braz J Infect Dis. 2013 Nov-Dec; 17 (6): 629-32.
76. Lahner E, Norman GL, Severi C, et al. Reassessment of intrinsic factor and parietal cell autoantibodies in atrophic gastritis with respect to cobalamin deficiency. Am J Gastroenterol. 2009
77. Liaskos C, Norman GL, Moulas A, et al. Prevalence of gastric parietal cell antibodies and intrinsic factor antibodies in primary biliary cirrhosis. Clin Chim Acta. 2010 Mar; 411 (5-6): 411-5.
78. Volta U, Lenzi M, Lazzari R, et al. Antibodies to gliadin detected by immunofluorescence and a micro-ELISA method: markers of active childhood and adult coeliac disease. Gut. 1985 Jul; 26 (7): 667-71.
79. Van Meensel B, Hiele M, Hoffman I, et al. Diagnostic accuracy of ten second-generation (human) tissue transglutaminase antibody assays in celiac disease. Clin Chem. 2004 Nov; 50 (11): 2125-35.
80. Roca M, Vriezinga SL, Crespo-Escobar P, et al. PREVENT CD Study Group. Anti-gliadin antibodies in breast milk from celiac mothers on a gluten-free diet. Eur J Nutr. 2017 May 29.
81. Wolf J, Jahnke A, Fechner K, et al. Primate liver tissue as an alternative substrate for endomysium antibody immunofluorescence testing in diagnostics of paediatric coeliac disease. Clin Chim Acta. 2016 Sep 1; 460: 72-7.
82. Tosco A, Aitoro R, Auricchio R, et al. Intestinal anti-tissue transglutaminase antibodies in potential coeliac disease. Clin Exp Immunol. 2013 Jan; 171 (1): 69-75.
83. Bai JC, Fried M, Corazza GR, et al. World Gastroenterology Organization. World Gastroenterology Organisation global guidelines on celiac disease. J Clin Gastroenterol. 2013 Feb; 47 (2): 121-6.

索　引

L

M

N

P

Q

R

S

T

W

X

Y

Z